ライブラリ 新物理学基礎テキスト **Q3**

レクチャー 振動・波動

山田 琢磨 著

サイエンス社

●編者のことば●

　私たち人間にはモノ・現象の背後にあるしくみを知りたいという知的好奇心があります．それらを体系的に整理・研究・発展させているのが自然科学や社会科学です．物理学はその自然科学の一分野であり，現象の普遍的な基礎原理・法則を数学的手段で解明します．新たな解明・発見はそれを踏まえた次の課題の解明を要求します．このような絶えざる営みによって新しい物理学も開拓され，そして自然の理解は深化していきます．

　物理学はいつの時代も科学・技術の基礎を与え続けてきました．AI，IoT，量子コンピュータ，宇宙への進出など，最近の科学・技術の進展は私たちの社会や世界観を急速に変えつつあり，現代は第4次産業革命の時代とも言われます．それらの根底には科学の基礎的な学問である物理学があります．

　このライブラリは物理学の基礎を確実に学ぶためのテキストとして編集されました．物理学は一部の特別な人だけが学ぶものではなく，広く多くの人に理解され，また応用されて，これからの新しい時代に適応する力となっていきます．その思いから，理工系の幅広い読者にわかりやすく説明する丁寧なテキストを目指し標準的な大学生が独力で理解出来るように工夫されています．経験豊かな著者によって，物理学の根幹となる「力学」，「振動・波動」，「熱・統計力学」，「電磁気学」，「量子力学」がライブラリとして著されています．また，高校と大学の接続を意識して，「物理学の学び方」という1冊も加えました．

　「物理学はむずかしい」と，理工系の学生であっても多くの人が感じているようです．しかし，物理学は実り豊かな学問であり，物理学自体の発展はもとより，他の学問分野にも強い刺激を与えています．化学や生物学への影響ばかりではなく，最近は情報理論や社会科学，脳科学などへも応用されています．物理学自体の「難問」の解明もさることながら，これからもいろいろな応用が発展していくでしょう．

　このライブラリによってまずしっかりと基礎固めを行い，それからより高度な学びに繋げてほしいと思います．そして新しい社会を創造する糧としてもらいたいと願っています．

2019 年 12 月 　　　　　　　　　　　　　　　編者　本庄春雄　原田恒司

●序　　文●

　振動・波動に関する現象は，身のまわりに多く存在する．例えば，ばねや振り子が繰り返す周期的な運動が代表的な振動の例である．弦楽器の弦や管楽器内の空気が振動することで音が鳴り，それが音波という波動となって空気中を伝わる．また，振動・波動は力学にとどまらず，あらゆる分野に現れることが特徴である．コンデンサーとコイルで構成された電気回路では，電荷が回路内を電気振動する．電磁波（光）は，電場と磁場の振動が遠方まで伝播していく波動である．このように振動・波動について学べば，力学・電磁気学などの様々な分野の現象の理解に役立つ．また，電磁波という波動を理解することによって，特殊相対性理論や量子論へと話が広がっていき，より高度な物理学を学習する入口ともなる．

　本書は振動・波動を学ぶための入門書となるような教科書で，なるべく簡単に分かりやすくしたつもりである．ただし先に述べたように力学・電磁気学などの分野に現れる振動・波動現象を解説することになるため，本書で説明しきることができなかった力学・電磁気学の基本事項については，適宜他の教科書を参考にしてほしい．

　本書では振動・波動の最も基本となる，線形な微分方程式の解であり，重ね合わせが可能である単振動についてのみを扱っている．単振動は変位が正弦波の形となり，その重ね合わせはフーリエ級数・フーリエ変換の学習へと繋がっていく．実際の世の中は非線形と呼べる現象も多いが，線形で重ね合わせが可能な単振動を押さえておけば，世の中の多くの現象を近似的に説明することができる．本書の構成としては，まずは第1章で1質点の単振動について学び，第2章では減衰振動・強制振動について学ぶ．第3章で多質点系，第4章で連続体の振動へと拡張していき，第5章以降は波動について学ぶ．第6章では2次元・3次元の波動について学び，電磁波や特殊相対性理論にも触れる．第7章では波動の様々な性質について学ぶとともに，量子論についてもわずかだが触れる．大まかにこのような流れで話が進んでいくが，難しいと感じた部分は

読み飛ばしてくれて構わない．特にフーリエ級数・フーリエ変換は最低限の説明にとどめているが，本来ならばフーリエ解析についてのみで一冊の教科書になるほどである．振動・波動を通じてフーリエ解析にも興味を持ってくれたならば，ぜひ専門書を手に取って学びを深めてほしい．

　最後に，本書を執筆するにあたって多くの助言をくださった原田恒司先生，また出版に至るまで大変お世話になったサイエンス社の田島伸彦氏，鈴木綾子氏，西川遣治氏に心より厚く御礼を申し上げたい．

2024 年 3 月

山田　琢磨

目　　次

第1章

単 振 動

　ある物体に力を加えて変形させたときに，その形を元に戻そうとする力がはたらくならば，振動が起きる可能性がある．例えば，ばねは伸び縮みさせて放すと，元の長さに戻ろうとする力がはたらくために振動する．振り子は，おもりが鉛直の位置に戻ろうとして振動する．さらに連続体の中を振動が次々と伝わる現象が波動であり，音は空気の振動が伝わっていく波動，光は電磁場の振動が伝わっていく波動である．このように世の中には様々な振動・波動が存在し，我々も多くの振動・波動を利用して生活している．振動・波動の性質を理解するために，まずこの章では簡単な振動現象について考えてみる．

1.1 単　振　動

　まずは全ての**振動**の基本となる**単振動**（または**調和振動**ともいう）について考えてみよう．「ばねに加えた力とひずみの大きさは比例する」という有名な**フックの法則**を中学の理科で習う．この法則に従えば，ばねを自然長から x だけ引き伸ばすと，ばねには長さを元の自然長に戻そうとする力 F が加わり，フックの法則の比例定数である**ばね定数** k を用いて

フックの法則

$$F = -kx$$

と表すことができる．また，ばねを押し縮めたときも同様に元に戻そうとする力がはたらく．この力を**復元力**と呼ぶ．ばね定数 k は，ばねの素材や形状によって決まる．復元力がフックの法則に従うとき，つまり自然長からの変位（ひずみ）に比例した復元力が発生するとき，ばねを引き伸ばすか押し縮めるかして変位を加えて放してやると，単振動と呼ばれる振動が起きる．

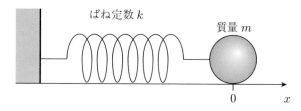

　簡単のため，ばね自体に質量はなく，ばねの先に質量 m のおもりが付いている**水平ばね振り子**を考える．また床との摩擦や空気抵抗は無視する．おもりの位置はばねが自然長のとき $x = 0$，ばねが伸びると x は正，縮むと負になるように x 軸をとる．おもりの加速度を a とすると，おもりの**運動方程式**は

運動方程式

$$ma = F$$

となる．これに復元力 $F = -kx$ を代入し，加速度 a を位置 x の時間 t による 2 階微分で表すと，おもりの運動方程式は

$$m\frac{d^2x}{dt^2} = -kx \tag{1.1}$$

となる．m と k は正の値を持つので，この微分方程式は

$$\frac{d^2x}{dt^2} = -\omega^2 x \tag{1.2}$$

$$\omega = \sqrt{\frac{k}{m}} \tag{1.3}$$

と書くことができる．つまり，自然長からの変位 x を時間 t で 2 階微分した結果が，変位 x のマイナスに比例する．

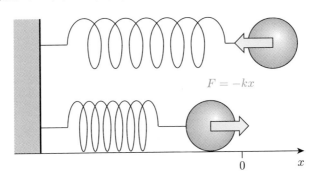

この微分方程式の解は簡単な形で表すことができる．正弦関数（sin 関数）は，2 階微分すると元の関数のマイナスになるので，この微分方程式の一般解は正弦関数となる．すなわち

$$x(t) = A\sin(\omega t + \phi) \tag{1.4}$$

と書ける．ここで A を振幅，ϕ を初期位相と呼ぶが，A と ϕ がいかなる値でも，この微分方程式を満たす解となる．

例題 1.1

$x(t) = A\sin(\omega t + \phi)$ が確かに微分方程式

$$\frac{d^2x}{dt^2} = -\omega^2 x$$

を満たしていることを確認せよ．

【解答】 $x(t)$ を時間 t で微分すると

$$\frac{dx}{dt} = A\omega\cos(\omega t + \phi)$$

これはおもりの速度 $v(t)$ を表す．もう一度 t で微分すると

$$\frac{d^2x}{dt^2} = -A\omega^2\sin(\omega t + \phi) = -\omega^2 x$$

で確かに満たすことが示された． □

振幅 A と初期位相 ϕ は，初期条件によって決定することができる．例えばこのばねに付いたおもりを x_0 の位置まで伸ばし，時刻 $t = 0$ で静かに放したとする．すなわち $x(0) = x_0$, $v(0) = 0$ である．これを

$$\left\{\begin{array}{l} x(t) = A\sin(\omega t + \phi) \\ v(t) = A\omega\cos(\omega t + \phi) \end{array}\right. \tag{1.5}$$

に代入すると以下のようになる．

$$x_0 = A\sin\phi \tag{1.6}$$

$$0 = A\omega\cos\phi \tag{1.7}$$

式 (1.7) の $\cos\phi = 0$ より $\phi = \pm\frac{\pi}{2}$ が導かれるので，式 (1.6) で $\sin\left(\pm\frac{\pi}{2}\right) = \pm 1$ より $\pm A = x_0$ となる．$\phi = \frac{\pi}{2}$ を選んでも $\phi = -\frac{\pi}{2}$ を選んでも A の符号が変わるだけなので，代表して $\phi = \frac{\pi}{2}$ を選ぶと，$A = x_0$ となる．結果を整理すると，巻末の付録の三角関数の加法定理 (A.1), (A.2) を用いることで

$$\sin\left(\omega t + \frac{\pi}{2}\right) = \sin\omega t\cos\frac{\pi}{2} + \cos\omega t\sin\frac{\pi}{2} = \cos\omega t$$

$$\cos\left(\omega t + \frac{\pi}{2}\right) = \cos\omega t\cos\frac{\pi}{2} - \sin\omega t\sin\frac{\pi}{2} = -\sin\omega t$$

となるので

$$\left\{\begin{array}{l} x(t) = x_0\cos\omega t \\ v(t) = -x_0\omega\sin\omega t \\ a(t) = -x_0\omega^2\cos\omega t \end{array}\right. \tag{1.8}$$

と簡単な形で表すことができた．

これらをグラフに表すと，下の図のようになる．おもりは $t = 0$ で静かに放たれた後，x_0 と $-x_0$ の間を振幅 x_0 で振動する．なぜ振動が起きるかというと，ばねが自然長に戻って復元力がはたらかなくなっても，おもりの速度はゼロではないために勢い余って逆側まで到達するからである．速度 v は，x_0 と $-x_0$ で向きを変える瞬間に 0 となり，ばねの自然長の位置（$x = 0$）で絶対値が最大となる．加速度 a は復元力に比例することからも分かるとおり，おもりが $x = 0$ から離れるほど絶対値が大きくなり，$x = 0$ に向かう向きとなる．横軸に時間をとると $x(t), v(t), a(t)$ はいずれも正弦関数もしくは余弦関数（cos 関数）となる．この例のように，単振動する物体をあらかじめ変位させておいて $t = 0$ で静かに放す場合，変位は初期位相なしの余弦関数となるので覚えておこう．

振動の周期 T は，各正弦（余弦）関数の位相部分が 2π だけ変化するのにかかる時間なので，$\omega T = 2\pi$ より

$$T = \frac{2\pi}{\omega} \tag{1.9}$$

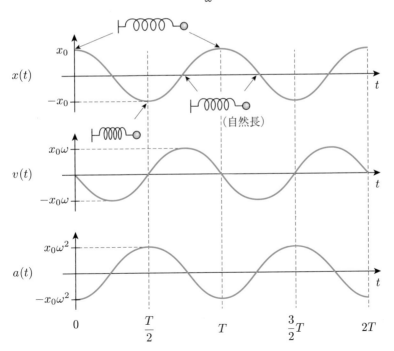

となる．単位時間当たりに振動する回数である**振動数** f は

$$f = \frac{1}{T} = \frac{\omega}{2\pi} \tag{1.10}$$

となる．$\omega = 2\pi f$ で表される ω は**角振動数**と呼ばれるが，単に振動数と呼ばれる場合もあるので注意してほしい．また振動数・角振動数は，**周波数・角周波数**と呼ばれることもある．振動数の単位は一般的には s（秒）の逆数である Hz（ヘルツ）が用いられる．このとき，角振動数の単位は rad/s となる．

グラフから分かるとおり，摩擦や空気抵抗のない理想的な条件では，おもりの振動は角振動数 ω，振幅 x_0 で永遠に続くことになる．

まとめると，フックの法則で表されるような，変位に比例した大きさの復元力がはたらくとき，単振動と呼ばれる振動が起こりうる．このとき，変位の時間による 2 階微分が変位のマイナスに比例するという微分方程式が立てられる．これが単振動の微分方程式の形である．

注意してほしいのは，復元力がはたらけば振動は発生するが，変位が正弦関数である単振動となるのは，復元力が変位に比例するときのみである．

例題 1.2

おもりが式 (1.2), (1.3) に従って単振動しているとき，力学的エネルギーが保存することを確かめよ．すなわち

$$\begin{cases} x(t) = A\sin(\omega t + \phi) \\ v(t) = A\omega\cos(\omega t + \phi) \end{cases}$$

のとき，ばねの弾性エネルギー U とおもりの運動エネルギー K の和が一定であることを確かめよ．

【解答】 U と K はそれぞれ以下のように求められる．

$$U = \frac{1}{2}kx^2 = \frac{1}{2}kA^2\sin^2(\omega t + \phi)$$

$$K = \frac{1}{2}mv^2 = \frac{1}{2}m\omega^2 A^2\cos^2(\omega t + \phi)$$

ここで $\omega^2 = \frac{k}{m}$ より

$$U + K = \frac{1}{2}kA^2\{\sin^2(\omega t + \phi) + \cos^2(\omega t + \phi)\} = \frac{1}{2}kA^2$$

となり，U と K の和は時間に依らず一定値であることが分かるので，力学的エネルギーは保存する．

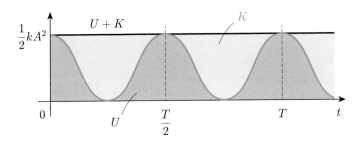

● **吊るしたばねの振動**　図のように，ばねを上から吊るした場合，おもりは「ばねの復元力」と「おもりにはたらく重力」がつり合う位置では静止する．つまり，ばねの自然長の位置を $x = 0$，鉛直上方向を正とし，重力加速度を g，おもりの質量を m，ばね定数を k とすると

$$-kx - mg = 0$$

となる位置でおもりにはたらく力はつり合うので

$$x = -\frac{mg}{k} \tag{1.11}$$

がつり合いの位置となる．

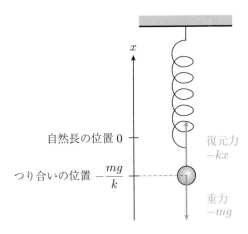

── **例題 1.3** ──────────

　吊るしたばねのおもりは，自然長の位置ではなく，つり合いの位置を中心として単振動することを示せ．また振動の角振動数を求めよ．

【解答】　前述の設定にておもりの運動方程式は，以下のようになる．

$$m\frac{d^2x}{dt^2} = -kx - mg = -k\left(x + \frac{mg}{k}\right)$$

ここで，$x' = x + \frac{mg}{k}$ とおくと，定数の微分は 0 なので

$$\frac{d^2x'}{dt^2} = -\frac{k}{m}x'$$

と書き直せる．x' という物理量は，単振動の微分方程式 (1.2) を満たしているので

$$x'(t) = A\sin(\omega t + \phi)$$

$$\omega = \sqrt{\frac{k}{m}}$$

という解を持つことになる（A, ϕ は定数）．よって元の x に戻すと

$$x(t) = -\frac{mg}{k} + A\sin(\omega t + \phi)$$

となるので，おもりはつり合いの位置 $x = -\frac{mg}{k}$ を中心として単振動をし，その角振動数は $\omega = \sqrt{\frac{k}{m}}$ である．　　　　　□

　このように，単振動はつり合いの位置を中心とした振動であると覚えておくとよい．なぜならば，振動の振幅が微小でほぼ 0 ならば，振動はつり合いの位置付近の微小振動となり，振幅が 0 ならばつり合いの位置で静止するからである．

● **複素指数関数**　単振動の微分方程式 (1.2) の解法について，複素指数関数の形で考えてみる．微分をした結果が元の関数の定数倍となる関数として，指数関数がある．そこで，単振動の微分方程式の解の形を $x(t) = e^{Wt}$ の形で仮定してみる．$x = e^{Wt}$ を単振動の微分方程式 (1.2) に代入すると

$$W^2 e^{Wt} = -\omega^2 e^{Wt}$$

となる．この解は $W^2 = -\omega^2$，すなわち W は**虚数単位** i を用いて，$W = \pm i\omega$ となる．この形の微分方程式は**線形方程式**と呼ばれ，1 つの解が見つかればその定数倍も解となり，2 つ以上の解を足し合わせたものも解となる．つまり 2 つの基本解が見つかれば，その 1 次結合もまた解となる．

W は $i\omega$ と $-i\omega$ の 2 つが見つかったので，基本解は $e^{i\omega}, e^{-i\omega}$ の 2 つとなる．よって，一般解は定数 C_1, C_2 を用いて

$$x(t) = C_1 e^{i\omega t} + C_2 e^{-i\omega t} \tag{1.12}$$

と表すことができる．

ここで，**オイラーの公式**

―― **オイラーの公式** ――
$$e^{i\theta} = \cos\theta + i\sin\theta$$

の θ に $\omega t, -\omega t$ を代入すると

$$e^{i\omega t} = \cos\omega t + i\sin\omega t \tag{1.13}$$

$$e^{-i\omega t} = \cos\omega t - i\sin\omega t \tag{1.14}$$

となる．この 2 つの式より

$$\cos\omega t = \frac{e^{i\omega t} + e^{-i\omega t}}{2} \tag{1.15}$$

$$\sin\omega t = \frac{e^{i\omega t} - e^{-i\omega t}}{2i} \tag{1.16}$$

となるので，先ほど求めた一般解 (1.12) と比較すると，$\cos\omega t$ も $\sin\omega t$ も，これらを定数倍して足し合わせたものも解であることが分かる．

┌── **例題 1.4** ──────────────────────────────

単振動の微分方程式 (1.2) の解 $A\sin(\omega t + \phi)$ が, $\cos\omega t$ と $\sin\omega t$ の 1 次結合, および $e^{i\omega t}$ と $e^{-i\omega t}$ の 1 次結合になることを示せ.

└──

【解答】 三角関数の加法定理 (A.1) により変形すると

$$A\sin(\omega t + \phi) = A(\sin\omega t \cos\phi + \cos\omega t \sin\phi)$$

$$= A\sin\phi \, \cos\omega t \; + A\cos\phi \, \sin\omega t$$

$$= A\sin\phi \, \frac{e^{i\omega t} + e^{-i\omega t}}{2} + A\cos\phi \, \frac{e^{i\omega t} - e^{-i\omega t}}{2i}$$

$$= \frac{A}{2}(\sin\phi - i\cos\phi)\, e^{i\omega t} \; + \frac{A}{2}(\sin\phi + i\cos\phi)\, e^{-i\omega t}$$

よって示された. 単振動の微分方程式の解は, いずれの形で表現しても正しいので, 最も都合がよくなるものを選ぼう. □

1.2 単 振 り 子

振り子の等時性がガリレオによって発見された, という話は有名である. 振り子の周期は振れ角や質量に依らず, 糸の長さのみによって決まるという法則である. 振り子はいくつかの条件により近似的に単振動とみなせる**単振り子**となるので, この節ではそれを示す.

図のような振り子があるとする. 振り子の糸の長さは ℓ で質量が無視でき, 糸の先に付いたおもりの質量は m, おもりは質点で体積が無視できるほど小さいとする. 振り子の振れ角を θ で表すと, おもりは振れ角 $\theta = 0$ の位置では静止する. 時刻 $t = 0$ で振れ角 θ_0 の位置から静かにおもりを放すと, おもりは糸により運動を制限されて弧を描く. つまり弧に沿った方向のみに運動することになる. おもりの, $\theta = 0$ の位置からの弧に沿った変位は θ と ℓ を用いて, $\ell\theta$ となる. 変位は $\theta > 0$ ならば正, $\theta < 0$ ならば負の値となる. おもりの弧に沿った運動 (θ 方向) の加速度 a は以下のようになる.

$$a = \frac{d^2}{dt^2}(\ell\theta) = \ell\frac{d^2\theta}{dt^2} \tag{1.17}$$

一方, 重力加速度を g とすると, おもりには重力 mg がはたらくが, 運動が θ

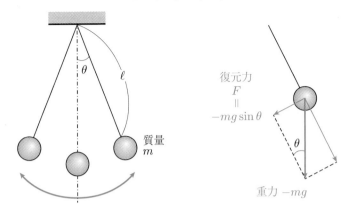

方向に制限されるため，θ 方向にはたらく力 F は，$F = -mg\sin\theta$ となる．力 F は $\theta = 0$ に向かってはたらく力なので，復元力である．運動方程式 $ma = F$ より式 (1.17) を用いて

$$m\ell\frac{d^2\theta}{dt^2} = -mg\sin\theta$$

$$\frac{d^2\theta}{dt^2} = -\frac{g}{\ell}\sin\theta \tag{1.18}$$

と書き直すことができた．ここで振り子の振れ角が小さいとき，$\sin\theta \approx \theta$ という近似が使える．この近似を用いると式 (1.18) は

$$\frac{d^2\theta}{dt^2} = -\frac{g}{\ell}\theta \tag{1.19}$$

となり，振れ角 θ が単振動の微分方程式を満たすことになるので，この振り子の振動は単振動となる．この振動の角振動数 ω は，単振動の微分方程式 (1.2) と比較して分かるように

$$\omega = \sqrt{\frac{g}{\ell}} \tag{1.20}$$

となる．振り子の周期 T と振動数 f はそれぞれ以下で表すことができる．

$$T = 2\pi\sqrt{\frac{\ell}{g}}, \quad f = \frac{1}{2\pi}\sqrt{\frac{g}{\ell}} \tag{1.21}$$

以上から分かるとおり，振り子の振れ角が小さいとき，周期は糸の長さ ℓ と重力加速度 g のみで決まり，おもりの質量に依らないことが示された．

┌─ **例題 1.5** ─────────────────────

単振り子の振動の導出に用いた近似，$\sin\theta \approx \theta$ を導出せよ．

└──────────────────────────

【解答】 $\theta = 0$ におけるマクローリン展開より

$$\sin\theta = \sin 0 + \theta\cos 0 - \frac{\theta^2}{2}\sin 0 - \frac{\theta^3}{3!}\cos 0 + \cdots$$

θ が小さいとき，右辺の第2項までとれば十分なので，$\sin\theta \approx \theta$ □

前節のばねの振動の例ではおもりを $t = 0$ で x_0 の位置から静かに放したが，振り子の例でも同様に $t = 0$ で振れ角 θ_0 の角度から静かに放したので，同じようにして θ は初期位相なしの余弦関数となる．結果を整理すると，以下のように表すことができる．

$$\begin{cases} \theta(t) = \theta_0\cos\omega t \\ \dfrac{d}{dt}\theta(t) = -\theta_0\omega\sin\omega t \\ \dfrac{d^2}{dt^2}\theta(t) = -\theta_0\omega^2\cos\omega t \end{cases} \qquad (1.22)$$

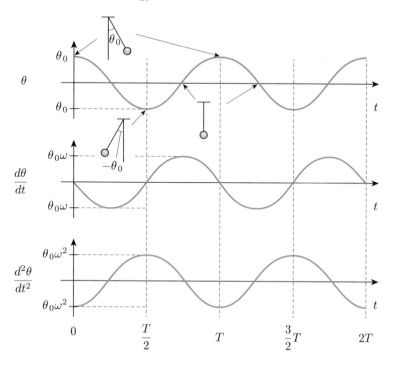

各グラフは図のように，ばねの場合とほぼ変わらない.

　ばねの例では，つり合いの位置からのおもりの変位 x が単振動の微分方程式を満たしたが，単振り子の例では振れ角 θ が単振動の微分方程式を満たした.このように，距離の物理量だけでなく，振れ角という物理量が単振動をする場合もある.

1.3　電 気 振 動

　単振動は力学のみに限って起きる現象ではない.単振動の微分方程式を満たす物理量が存在すれば，その物理量は単振動をすることができる.例として電磁気学で登場する **LC 回路**を紹介する.LC 回路とは図のように，インダクタンス L を持つコイルと，静電容量 C を持つコンデンサーからなる回路で，電荷が**電気振動**を起こす.静電容量 C のコンデンサーに電荷 q が溜まっているとき，コンデンサーの両端の電圧 v は

$$v = \frac{q}{C} \tag{1.23}$$

となる.回路に流れる電流を i とすると，電流は電荷の時間変化なので

$$i = \frac{dq}{dt} \tag{1.24}$$

となる.図の矢印の方向に電流が流れるとコンデンサーの電荷が増加するので，矢印の方向が正である.インダクタンス L のコイルに電流 i が流れると，電磁誘導の法則により以下のような逆起電力 v が発生する.

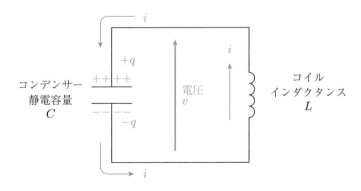

$$v = -L\frac{di}{dt} \tag{1.25}$$

まず式 (1.23), (1.25) より v を消去すると

$$-L\frac{di}{dt} = \frac{q}{C} \tag{1.26}$$

となる. 次に式 (1.24) より i も消去すると以下のようになる.

$$-L\frac{d^2q}{dt^2} = \frac{q}{C} \tag{1.27}$$

よって以下の電荷 q についての微分方程式が得られる.

$$\frac{d^2q}{dt^2} = -\frac{q}{LC} \tag{1.28}$$

これは単振動の微分方程式 (1.2) の形となっているので, この単振動の角振動数は

$$\omega = \frac{1}{\sqrt{LC}} \tag{1.29}$$

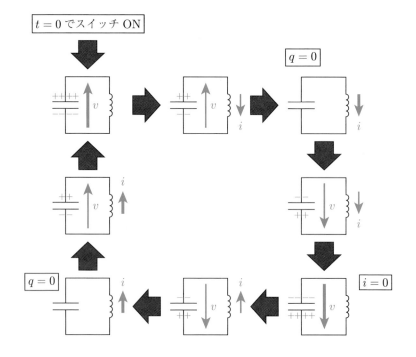

となる．また，周期は $2\pi\sqrt{LC}$ である．コンデンサーに電荷が q_0 溜まった状態で時刻 $t = 0$ に LC 回路のスイッチをオンにすると，電荷 $q(t)$，電流 $i(t)$，電圧 $v(t)$ は，以下の式で表すことができる．

$$\begin{cases} q(t) = q_0 \cos \omega t \\ i(t) = -q_0 \omega \sin \omega t \\ v(t) = \dfrac{q_0}{C} \cos \omega t \end{cases} \tag{1.30}$$

● 単振動の微分方程式

$$\frac{d^2 x}{dt^2} = -\omega^2 x \text{ の一般解}$$

$$x(t) = A \sin(\omega t + \phi) \quad (A, \phi \text{ は定数})$$

●●●●●●●●●●●●●●●● **演 習 問 題** ●●●●●●●●●●●●●●●●

演習 1.1 質量 m の質点が，ばね定数 k の 2 つのばねに挟まれ左右の壁とつながっている．質点がつり合いの位置にあるとき，2 つのばねは自然長である．質点がつり合いの位置から右方向に u だけ移動したとき，復元力 F はいくらか．また，この質点が振動するときの角振動数 ω はいくらか．

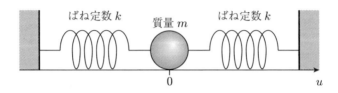

演習 1.2 質量 100 g のおもりが長さ 1.0 m の質量の無視できる紐で吊るされている．この振り子を振動させたときの周期は何秒になるか．振り子の振れ角が十分に小さいとして，有効数字 2 桁で求めよ．ただし重力加速度 $g = 9.8 \, \text{m/s}^2$ とする．

演習 1.3 インダクタンス $L = 10 \, \text{nH}$ のコイルと静電容量 $C = 100 \, \text{pF}$ のコンデンサーで構成された LC 回路の電気振動の，振動数（Hz）を有効数字 2 桁で求めよ．

演習 1.4 電気振動する LC 回路において，インダクタンスの磁気エネルギーとコンデンサーの静電エネルギーの和が保存することを証明せよ．

演習 1.5 日本からブラジルまで，地球の中心を貫通するトンネルを掘ったとする．日本側の地表にあるトンネルの入り口から静かに物体を落とした場合，その物体は何分後にブラジルの地表に達するか，地表での重力加速度 $g = 9.8 \, \text{m/s}^2$ と，地球の全周が 40 000km であることを用いて有効数字 2 桁で計算せよ．ただし，地球の密度は均一であるとし，地球の自転や公転の影響や，空気抵抗などは無視するものとする．このとき，地球内部の重力は中心からの距離に比例することが知られている．

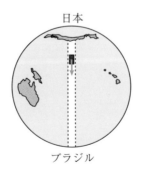

第2章

減衰振動と強制振動

　前章で習った単振動は正弦関数であり，式の上では振幅の大きさを保ったまま永遠に続く．しかし我々の日常生活での感覚では，振動は摩擦や空気抵抗によって減衰し，いずれは収まってしまうことが多い．例えば，子どもがブランコに乗っているとき，何もしなければいずれはブランコは止まってしまう．そこで親が子どもを押すことで手助けしてあげると，ブランコは揺れ続ける．ただし，タイミング良くブランコを押さないと逆に揺れを阻害してしまう．

　この章では，減衰がある場合の単振動と，単振動をする物体に外部から振動させる力を加えたときに，振動がどのように変化するかを考える．またテレビやラジオなどが電波を受信する仕組みである共振についても考える．

2.1 　減 衰 振 動

　減衰がある場合のばねの振動を考えてみよう．まず減衰がない場合のおもり
の運動方程式は

$$m\frac{d^2x}{dt^2} = -kx \tag{2.1}$$

である．空気抵抗は速度や速度の 2 乗に比例する場合があるが，ここでは速
度に比例する場合を例にとる．この形の減衰を導入した微分方程式は簡単に解
けるものとなる．おもりの運動方程式に以下のように青色で示す**減衰項**を加
える．

$$m\frac{d^2x}{dt^2} = -kx - \gamma\frac{dx}{dt} \tag{2.2}$$

γ は空気抵抗が速度に比例するとした場合の比例係数で，正の値である．この
微分方程式を書き換えると

$$\frac{d^2x}{dt^2} + 2b\frac{dx}{dt} + \omega_0^2 x = 0 \tag{2.3}$$

$$\omega_0 = \sqrt{\frac{k}{m}} \tag{2.4}$$

$$b = \frac{\gamma}{2m} \tag{2.5}$$

のようになる．減衰項に係数 2 がかかっているのは，後で解の形を簡単にする
ためである．

　前章で複素指数関数を用いて微分方程式の解を求めた手法を使ってみよう．
この微分方程式の解の形を $x = e^{Wt}$ と仮定して式 (2.3) に代入すると

$$W^2 e^{Wt} + 2bW e^{Wt} + \omega_0^2 e^{Wt} = 0$$
$$(W^2 + 2bW + \omega_0^2) e^{Wt} = 0 \tag{2.6}$$

つまり W は，以下の 2 次方程式を満たすことになる．

$$W^2 + 2bW + \omega_0^2 = 0 \tag{2.7}$$

この解は簡単で

$$W = -b \pm \sqrt{b^2 - \omega_0^2} \tag{2.8}$$

の2つとなるので，減衰項のある微分方程式の一般解は定数 C_1, C_2 を用いて

$$x(t) = C_1\,e^{-bt+\sqrt{b^2-\omega_0^2}\,t} + C_2\,e^{-bt-\sqrt{b^2-\omega_0^2}\,t}$$
$$= \left(C_1\,e^{\sqrt{b^2-\omega_0^2}\,t} + C_2\,e^{-\sqrt{b^2-\omega_0^2}\,t}\right)e^{-bt} \tag{2.9}$$

と書くことができる．

● **減衰振動**　まず，$b < \omega_0$ の場合を考える．この場合 $\sqrt{b^2-\omega_0^2}$ は虚数となるので，ω を

$$\omega^2 = \omega_0^2 - b^2 \tag{2.10}$$

となる正の数とすると，変位 $x(t)$ は虚数単位 i を用いて

$$x(t) = \left(C_1\,e^{i\omega t} + C_2\,e^{-i\omega t}\right)e^{-bt} \tag{2.11}$$

となる．もしくは，正弦関数と定数 A, ϕ を用いて

$$x(t) = A\sin(\omega t + \phi)e^{-bt} \tag{2.12}$$

となる．この関数は，全体としては Ae^{-bt} で減衰していき，最終的には0になるが（数学的には厳密に0にはならないが，実際は静止する），$\pm Ae^{-bt}$ の範囲内で角振動数 ω で振動していることになる．つまり，**減衰振動**となっている．

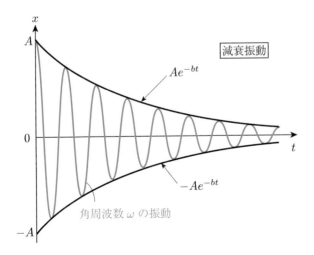

変位 x が 0 に収束すると，おもりはつり合いの位置で静止する．振動の角振動数 ω は減衰項がないときと比べ，$\omega_0 \to \sqrt{\omega_0^2 - b^2}$ のように減少していることが分かる．

e^{-bt} の関数は，$t = b^{-1}$ の時間が経過すると，e^{-1} まで大きさが減少する．e は**自然対数の底**

$$e = 2.71828\cdots$$

$$e^{-1} = 0.367879\cdots$$

である．つまり，b^{-1} の時間が経過すると，大きさは元の 37% 程度まで減少する．この時間 b^{-1} を**時定数**と呼ぶ．時定数を元の物理量である m と γ で表すと

$$b^{-1} = \frac{2m}{\gamma} \tag{2.13}$$

となる．空気抵抗率 γ が大きければ大きいほど，時定数は小さくなり，早く減衰することになる．また，質量 m が大きければ大きいほど，時定数は大きくなる．このことは慣性の法則を考えれば感覚的に理解しやすい．

── 例題 2.1 ──

　おもりが式 (2.3)–(2.5) に従って減衰振動しているとき，系の持つ力学的エネルギー（ばねの弾性エネルギー U とおもりの運動エネルギー K の和）はどのように減少していくか．減衰項が十分に小さいとき，すなわち $b \ll \omega_0$ の場合について計算せよ．

【解答】　$x(t) = A\sin(\omega t + \phi)e^{-bt}$ を t で微分すると，速度 $v(t)$ は

$$v(t) = A\{\omega\cos(\omega t + \phi) - b\sin(\omega t + \phi)\}e^{-bt}$$

となる．$b \ll \omega_0 \approx \omega$ より，$v(t)$ の第 1 項は第 1 項に比べて十分小さいので無視できる．

$$v(t) = A\omega\cos(\omega t + \phi)e^{-bt}$$

よって，U と K はそれぞれ以下のように求められる．

$$U = \frac{1}{2}kx^2 = \frac{1}{2}kA^2\sin^2(\omega t + \phi)e^{-2bt}$$

$$K = \frac{1}{2}mv^2 = \frac{1}{2}m\omega^2 A^2 \cos^2(\omega t + \phi)e^{-2bt}$$

ここで再び $b \ll \omega_0$ を用いると，$\omega^2 = \omega_0^2 - b^2 \approx \omega_0^2 = \frac{k}{m}$ なので

$$U + K = \frac{1}{2}kA^2\{\sin^2(\omega t + \phi) + \cos^2(\omega t + \phi)\}e^{-2bt} = \frac{1}{2}kA^2 e^{-2bt}$$

となる．はじめに $\frac{1}{2}kA^2$ だった力学的エネルギーは，時定数 $\frac{1}{2b}$ で指数関数的に減少していく．

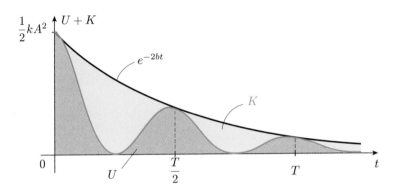

● **過減衰**　次に，$b > \omega_0$ の場合を考える．この場合，$W = -b \pm \sqrt{b^2 - \omega_0^2}$ で表される W は2つとも負の実数となる．そのため減衰成分しか存在せず，解は減衰する指数関数のみの組み合わせとなり，振動をすることなく減衰していく．この運動は，抵抗が強すぎて振動しないままおもりが静止してしまった運動に相当し，**過減衰**と呼ばれる．振り子を水中で振ろうとした場合をイメージすれば分かりやすい．水の抵抗が強すぎておもりはゆっくりとつり合いの位置に向かって進み，図のように振動せずに静止してしまうだろう．

初期条件でおもりがつり合いの位置から離れる方向に速度成分を持っている場合は，おもりは一度つり合いの位置から離れ，方向を反転させてつり合いの位置の方に戻っていく．だがそれ以降はつり合いの位置で静止するまで運動方向を反転させることはないので，振動はしていないと言える．グラフでは，$t = 0$ のときの速度 v_0 が正負および0の3つのケースについて例示している．

結論として，系が振動をするかしないかは $W = -b \pm \sqrt{b^2 - \omega_0^2}$ で表される

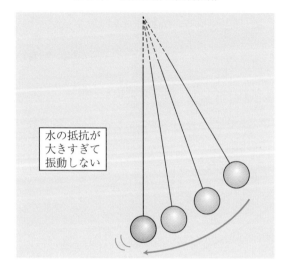

水の抵抗が
大きすぎて
振動しない

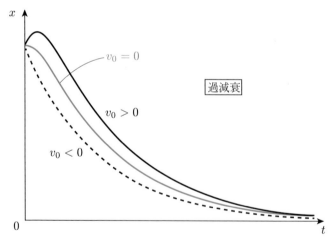

$v_0 = 0$

過減衰

$v_0 > 0$

$v_0 < 0$

W が実数か複素数かで分かる．つまり複素数の場合は振動をすることになり，W の実部が減衰成分，虚部が振動成分を表すことになる．もし実部が正ならば増幅成分となるが，次の例題で示すように W の実部は負にしかならず，必ず減衰をすることになる．摩擦力により振動が妨げられるので当然といえる．

例題 2.2

　過減衰の場合, $W = -b \pm \sqrt{b^2 - \omega_0^2}$ で表される W は 2 つとも負の実数となることを示せ.

【解答】

$$-b - \sqrt{b^2 - \omega_0^2} < 0$$

は明らかである. また

$$b^2 - \omega_0^2 < b^2$$
$$\sqrt{b^2 - \omega_0^2} < b$$
$$-b + \sqrt{b^2 - \omega_0^2} < 0$$

よって, W はどちらも負となり, 過減衰の場合の微分方程式の解は, 2 つの減衰する指数関数の和である.　　　□

ハイパボリック関数

　ハイパボリック関数は双曲線関数とも呼ばれ, 以下のように定義される.

$$\sinh x = \frac{e^x - e^{-x}}{2},$$
$$\cosh x = \frac{e^x + e^{-x}}{2}$$

ハイパボリック関数を用いると, 式 (2.9) で表せる過減衰のときの一般解は定数 C_3, C_4 を用いて

$$x(t) = \left\{ C_3 \sinh\left(\sqrt{b^2 - \omega_0^2}\, t\right) + C_4 \cosh\left(\sqrt{b^2 - \omega_0^2}\, t\right) \right\} e^{-bt}$$

と書くこともできる.

● **臨界減衰**　それでは，$b = \omega_0$ の場合はどうなるだろうか．この場合は $W = -b$ となり，W が実数となるため振動は起きないが，ちょうど減衰振動と過減衰の境目の状態になる．つまり振動をする一歩手前の状態となるが，この状態を**臨界減衰**と呼ぶ．この場合の微分方程式の一般解は計算がやや特殊になる．やはり減衰成分 e^{-bt} が存在すると仮定して，解の形を $x = f(t)e^{-bt}$ とおくと，減衰項のある微分方程式 (2.3) に代入した結果は

$$\frac{d^2}{dt^2}\left(fe^{-bt}\right) + 2b\frac{d}{dt}\left(fe^{-bt}\right) + b^2 fe^{-bt} = 0$$

$$\left(\frac{d^2 f}{dt^2} - 2b\frac{df}{dt} + b^2 f\right)e^{-bt} + 2b\left(\frac{df}{dt} - bf\right)e^{-bt} + b^2 fe^{-bt} = 0$$

$$\frac{d^2 f}{dt^2}e^{-bt} = 0 \tag{2.14}$$

となり，関数 $f(t)$ の時間による 2 階微分が 0，つまり

$$\frac{d^2 f}{dt^2} = 0 \tag{2.15}$$

ということが分かる．この一般解は定数 A, B を用いて $f = At + B$ と表せるので，臨界減衰のときの一般解は以下のように書くことができる．

$$x(t) = (At + B)e^{-bt} \tag{2.16}$$

グラフでは，初期速度 v_0 が正負および 0 の 3 つのケースについて例示しているが，過減衰の場合と同じように振動することなく減衰している．

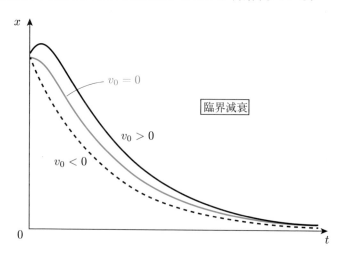

2.2 抵抗がある場合の電気振動

1.3 節で紹介した電気振動も，抵抗がない理想的な条件では振動が永遠に続くが，抵抗が存在すれば電気的エネルギーは抵抗によって消費され，電流は減衰してしまう．ここでは，図のように LC 回路に抵抗 R を加えたときを考えてみる．この回路を，**RLC 回路**と呼ぶ．電流 i と電荷 q の関係は 1.3 節と同じく

$$i = \frac{dq}{dt} \tag{2.17}$$

とする．コンデンサー C と抵抗 R による電圧降下 v は，インダクタンス L のコイルに電流 i が流れたときの逆起電力に等しいので

$$v = \frac{q}{C} + Ri = -L\frac{di}{dt} \tag{2.18}$$

となる．これらの式をまとめて q の微分方程式の形にすると

$$\frac{d^2q}{dt^2} + \frac{R}{L}\frac{dq}{dt} + \frac{q}{LC} = 0 \tag{2.19}$$

となり，減衰項のある単振動の微分方程式 (2.3) の形に当てはめると

$$b = \frac{R}{2L} \tag{2.20}$$

$$\omega_0 = \frac{1}{\sqrt{LC}} \tag{2.21}$$

となることが分かる．

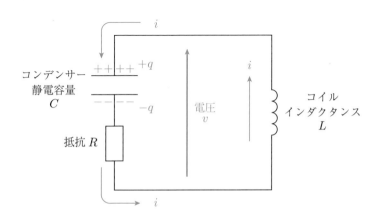

例題 2.3

前述の RLC 回路の電気振動の角振動数と時定数はいくつか. また振動が起きるための抵抗値の上限はいくらか.

【解答】 減衰振動の角振動数 ω は, $\omega^2 = \omega_0^2 - b^2$ より

$$\omega = \sqrt{\frac{1}{LC} - \frac{R^2}{4L^2}}$$

である. この減衰振動の時定数は b^{-1} なので

$$\frac{2L}{R}$$

振動が起きるためには $\omega_0^2 > b^2$ とならなければならないので

$$R < 2\sqrt{\frac{L}{C}}$$

よって $2\sqrt{\frac{L}{C}}$ が抵抗値の上限である. □

2.3 強 制 振 動

減衰項のあるおもりの運動方程式 (2.2) に青色で示す外力の項を加え, **強制振動**を引き起こす場合を考える. 外力は角振動数 ω_{F} の正弦関数とする.

$$m\frac{d^2x}{dt^2} = -kx - \gamma\frac{dx}{dt} + F_0 \sin \omega_{\mathrm{F}} t \tag{2.22}$$

この微分方程式を書き換えると, 以下のようになる.

$$\frac{d^2x}{dt^2} + 2b\frac{dx}{dt} + \omega_0^2 x = \frac{F_0}{m} \sin \omega_{\mathrm{F}} t \tag{2.23}$$

右辺が 0 ならば, これは減衰振動の微分方程式 (2.3) となる. そのため, 左辺に減衰振動の解を代入すると 0 になる. つまり, この強制振動の微分方程式の解を 1 つでも見つければ, それに減衰振動の解を加えたものは右辺には影響を与えないため, 同じくこの微分方程式の解となる.

それでは, 強制振動の微分方程式を満たす 1 つの解 (**特解**) はどのようにし

て求めればよいだろうか．減衰振動は時間が経てばいずれは振動の振幅が 0 に
なるため，系固有の振動はやがてなくなり，系の振動は外部から振動させる力
と同じ角振動数 ω_F を持つ成分のみに落ち着くはずである．そこで特解の形は

$$x(t) = A_F \sin(\omega_F t + \phi_F) \tag{2.24}$$

と予測できる．これを強制振動の微分方程式 (2.23) に代入すると，A_F と ϕ_F
を以下のように求めることができる．

$$A_F = \frac{F_0}{m\sqrt{(\omega_F^2 - \omega_0^2)^2 + 4b^2\omega_F^2}} \tag{2.25}$$

$$\tan\phi_F = \frac{2b\omega_F}{\omega_F^2 - \omega_0^2} \tag{2.26}$$

図は強制振動の例を表している．黒い破線で示す外力を加えると，系の振動が
元々の振動数から徐々に外力の振動数へと変化し，安定していく様子が分かる．

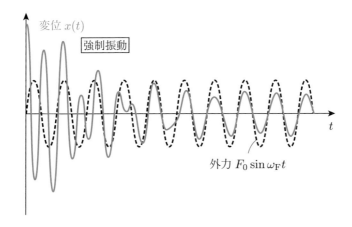

例題 2.4

強制振動の微分方程式の特解を求め，A_F と ϕ_F がそれぞれ式 (2.25)，(2.26) となることを確認せよ．

【解答】 $x(t) = A_F \sin(\omega_F t + \phi_F)$ を強制振動の微分方程式 (2.23) に代入すると

$$(\omega_0^2 - \omega_F^2)A_F \sin(\omega_F t + \phi_F) + 2b\omega_F A_F \cos(\omega_F t + \phi_F) = \frac{F_0}{m}\sin\omega_F t$$

となる．巻末の付録の三角関数の加法定理 (A.1), (A.2) を使うと $\sin\omega_F t$ の項と $\cos\omega_F t$ の項にまとめられ，この 2 つの項の和が 0 という式に直せる．任意の時刻 t で式が成立するためには $\sin\omega_F t$ と $\cos\omega_F t$ のそれぞれの項の係数が 0 でなければいけないので

$$\sin\omega_F t \text{ の項} \quad (\omega_F^2 - \omega_0^2)A_F \cos\phi_F + 2b\omega_F A_F \sin\phi_F + \frac{F_0}{m} = 0$$

$$\cos\omega_F t \text{ の項} \quad (\omega_F^2 - \omega_0^2)A_F \sin\phi_F - 2b\omega_F A_F \cos\phi_F \quad\quad = 0$$

第 1 式に $\sin\phi_F t$，第 2 式に $\cos\phi_F t$ をかけて両式の和を，第 1 式に $\cos\phi_F t$，第 2 式に $\sin\phi_F t$ をかけて両式の差をとった結果は

$$2b\omega_F A_F + \frac{F_0}{m}\sin\phi_F = 0$$

$$(\omega_F^2 - \omega_0^2)A_F + \frac{F_0}{m}\cos\phi_F = 0$$

となる．これらより ϕ_F を消去した式

$$(\omega_F^2 - \omega_0^2)^2 A_F^2 + 4b^2\omega_F^2 A_F^2 = \frac{F_0^2}{m^2}$$

から A_F が求まり，A_F を消去した式

$$\frac{2b\omega_F}{\omega_F^2 - \omega_0^2} = \frac{\sin\phi_F}{\cos\phi_F}$$

から $\tan\phi_F$ が求まる． □

2.4 共　　　振

強制振動の特解の振幅 A_{F} の分母部分を変形すると

$$A_{\mathrm{F}} = \frac{F_0}{m\sqrt{\{\omega_{\mathrm{F}}^2 - (\omega_0^2 - 2b^2)\}^2 + 4b^2(\omega_0^2 - b^2)}} \tag{2.27}$$

と書き直すことができる．つまり $\omega_{\mathrm{F}} = \sqrt{\omega_0^2 - 2b^2}$ のとき，A_{F} は最大値の

$$A_{\mathrm{F}}^{\max} = \frac{F_0}{2bm\sqrt{\omega_0^2 - b^2}} \tag{2.28}$$

をとる．この現象を**共振**あるいは**共鳴**と呼ぶ．つまり，振動をする系には共振振動数が存在し，共振振動数から大きく異なる振動数で外力を加えても系はあまり振動しないが，共振振動数に近い振動数の外力を加えると系は大きく振動する．$A_{\mathrm{F}}^{\max}$ が b にほぼ反比例することに注意しよう．減衰項に相当する b が大きいほど共振する振動数の幅は大きくなるが共振は小さくなり，b が小さいほど共振する振動数の幅は小さくなるが，共振したときの振幅は大きくなる．

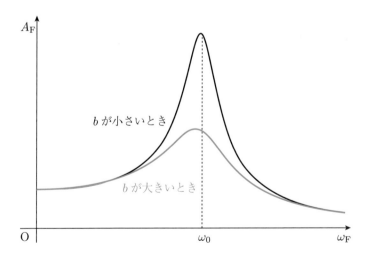

共振現象は生活において数多く使われている．ラジオ，テレビ，携帯電話で受信することができるのは全て共振現象のおかげだが，最も簡単にはラジオのチューニングで理解することができる．ラジオの各放送局の周波数（振動数）

は決まっているので，受信側の RLC 回路の共振振動数を，聴きたいラジオ局の周波数に合わせることで共振回路が同調し，ラジオを聴くことができる．

　また身近で共振現象を体験するには，正しくは波動になってしまうが，ワイングラスなどのグラスを使う方法がある．グラスを叩いたときに鳴る音は，共振振動数の音である．そこで直接息が当たらないようにして同じ高さの音を大声で出すと，うまくいけばグラスが共振現象により震えるので，中に入れておいたストローが反応する．さらにこれを応用して，バラエティー番組で見かけるように，声でグラスを割ることも可能である．

　ただしグラスを共鳴させるのは条件が厳しくなかなか難しい．もう1つの方法としては，ピアノがあれば簡単に共振を体験できる．例えばドの鍵盤を鳴らさないようにして押し続けた状態で他のドの音を強く鳴らすと，鳴らしていなかった方のドの音も鳴り始める．これは共振現象によって起きるため，ド以外の他の音はほとんど鳴らない（ただしソは 4.1 節で説明する理由からわずかに鳴る）．

● **減衰のある単振動の微分方程式**

$$\frac{d^2x}{dt^2} + 2b\frac{dx}{dt} + \omega_0^2 x = 0 \text{ の解}$$

- （$b < \omega_0$ のとき） $\quad x(t) = A\sin(\omega t + \phi)e^{-bt}$
- （$b > \omega_0$ のとき） $\quad x(t) = \left(C_1\, e^{\sqrt{b^2-\omega_0^2}\,t} + C_2\, e^{-\sqrt{b^2-\omega_0^2}\,t}\right)e^{-bt}$
- （$b = \omega_0$ のとき） $\quad x(t) = (At + B)e^{-bt}$

  　（$\omega^2 = \omega_0^2 - b^2,\ A, B, C_1, C_2, \phi$ は定数）

● **強制振動の微分方程式**

$$\frac{d^2x}{dt^2} + 2b\frac{dx}{dt} + \omega_0^2 x = F\sin\omega_\mathrm{F} t \text{ の解}$$

- $b < \omega_0$ のとき

$$x(t) = A_\mathrm{F}\sin(\omega_\mathrm{F} t + \phi_\mathrm{F}) + A\sin(\omega t + \phi)e^{-bt}$$

● $b > \omega_0$ のとき

$$x(t) = A_{\mathrm{F}} \sin(\omega_{\mathrm{F}} t + \phi_{\mathrm{F}})$$
$$+ \left(C_1 \, e^{\sqrt{b^2 - \omega_0^2}\, t} + C_2 \, e^{-\sqrt{b^2 - \omega_0^2}\, t} \right) e^{-bt}$$

● $b = \omega_0$ のとき

$$x(t) = A_{\mathrm{F}} \sin(\omega_{\mathrm{F}} t + \phi_{\mathrm{F}}) + (At + B) e^{-bt}$$

ここで，

$$A_{\mathrm{F}} = \frac{F_0}{m \sqrt{(\omega_{\mathrm{F}}^2 - \omega_0^2)^2 + 4 b^2 \omega_{\mathrm{F}}^2}}$$

$$\tan \phi_{\mathrm{F}} = \frac{2 b \omega_{\mathrm{F}}}{\omega_{\mathrm{F}}^2 - \omega_0^2}$$

$$(\omega^2 = \omega_0^2 - b^2, \ A, B, C_1, C_2, \phi \ \text{は定数})$$

●●●●●●●●●●●●●●●●●● **演 習 問 題** ●●●●●●●●●●●●●●●●●●

演習 2.1 質量 100 g のおもりが，長さ 1.0 m の質量と空気抵抗が無視できる紐で吊るされている．この振り子の振幅が 200 秒後にちょうど半分となったとき，空気抵抗がおもりの速度に比例するとした場合の比例係数（kg/s）を有効数字 2 桁で求めよ．ただし振り子の振れ角は十分に小さいものとし，重力加速度 $g = 9.8 \, \text{m/s}^2$ とする．

演習 2.2 インダクタンス $L = 10 \, \text{nH}$ のコイル，静電容量 $C = 100 \, \text{pF}$ のコンデンサーと抵抗 $R = 10 \, \Omega$ で構成された RLC 回路がある．

(1) この回路が減衰振動するときの振動数（Hz）と時定数（s）を有効数字 2 桁で求めよ．

(2) この回路の共振振動数（Hz）を有効数字 2 桁で求めよ．

(3) この回路が臨界減衰となるためには，抵抗 R の値をいくつに替えればよいか．

演習 2.3 質量 m のおもりをばね定数 k のばねで上から吊るし，ばねの上端を周期的に上下に動かす．ただし重力加速度を g とし，ばねの質量やおもりの体積，空気抵抗は考えないものとする．

(1) おもりのつり合いの位置を $x = 0$，鉛直上方向を正とし，ばねの上端を元の位置から $\delta \sin \omega_\text{F} t$ に従い上下させる．おもりの運動方程式を導き，$\omega_0^2 = \frac{k}{m}$ を用いて x に関する微分方程式に整理し，その特解と一般解を求めよ．

(2) 特解の形から，$\omega_\text{F} \approx \omega_0$ のとき，どのような現象が起きるか説明せよ．

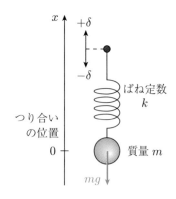

第 3 章

連 成 振 動

　今までの章では，1 つの質点と 1 つのばねから成るような単純な系の単振動を扱ってきた．しかし現実には複数の質点と複数のばねから成る系も存在し，その場合振動はかなり複雑になると予想される．ただし，そんな複雑に絡み合った系でも，単純な単振動に分解して考えることができる場合がある．この章では，系の振動が一見複雑に見えても，複数の単振動に分解することで単純な振動の重ね合わせで表すことのできる例について紹介する．

　また質点の数を無限に増やしていくと，それは連続体の振動，すなわち波動へとなっていく．次章以降の波動の話へとつなげるためにも，連成振動についてよく理解してほしい．

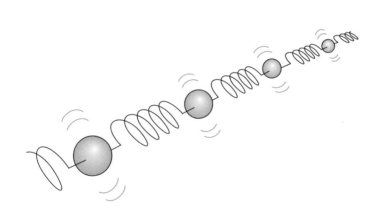

3.1 2 質点の連成振動

2 つ以上の物体が互いに影響を及ぼす振動を，**連成振動**と呼ぶ．まずは 2 つの質点から成る系の連成振動を考える．

● **2 連成振り子** 図のように，長さ ℓ，質量 m の単振り子が 2 つ吊るされ，静止時の 2 つのおもりの間隔が自然長と等しい，ばね定数 k のばねで 2 つのおもりはつながっているとする．このような，**連成振り子**と呼ばれる振り子は，どのような運動を示すだろうか．

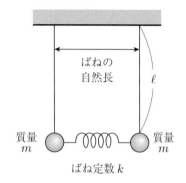
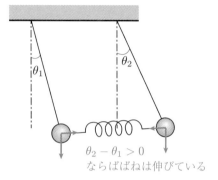

各振り子の鉛直方向からの振れ角を左側のおもりから順に θ_1, θ_2 とする．2 つのおもりの運動方程式は，θ_1, θ_2 が十分小さいとして，単振り子でも使用した近似 $\sin\theta \approx \theta$ を使うと

$$m\frac{d^2}{dt^2}(\ell\theta_1) = -mg\theta_1 + k(\ell\theta_2 - \ell\theta_1) \tag{3.1}$$

$$m\frac{d^2}{dt^2}(\ell\theta_2) = -mg\theta_2 - k(\ell\theta_2 - \ell\theta_1) \tag{3.2}$$

と書ける．左のおもりに注目すると，θ_1 が正ならば重力による復元力は負，θ_1 が負ならば重力による復元力は正である．また，図から分かるように，$\theta_2 - \theta_1 > 0$ ならば，ばねは伸びた状態にあるため，左のおもりには正の復元力がはたらく．またそのとき，右のおもりには逆に負の復元力がはたらく．両辺を $m\ell$ で割ると

$$\frac{d^2\theta_1}{dt^2} = -\left(\frac{g}{\ell} + \frac{k}{m}\right)\theta_1 + \frac{k}{m}\theta_2 \tag{3.3}$$

$$\frac{d^2\theta_2}{dt^2} = \frac{k}{m}\theta_1 - \left(\frac{g}{\ell} + \frac{k}{m}\right)\theta_2 \tag{3.4}$$

となる．この連立微分方程式を解くには，2 式の和と差を考える．すなわち，以下の 2 式が得られる．

$$\frac{d^2}{dt^2}(\theta_1 + \theta_2) = -\frac{g}{\ell}(\theta_1 + \theta_2) \tag{3.5}$$

$$\frac{d^2}{dt^2}(\theta_1 - \theta_2) = -\left(\frac{g}{\ell} + \frac{2k}{m}\right)(\theta_1 - \theta_2) \tag{3.6}$$

ここで $\theta_1 + \theta_2$ と $\theta_1 - \theta_2$ を新しい変数として考えると，これら 2 式はまさに単振動の式である．つまり，$\theta_1 + \theta_2$ という物理量，また $\theta_1 - \theta_2$ という物理量がそれぞれ単振動を行うことになる．よって解は

$$\theta_1 + \theta_2 = A_1 \sin(\omega_1 t + \phi_1) \tag{3.7}$$

$$\theta_1 - \theta_2 = A_2 \sin(\omega_2 t + \phi_2) \tag{3.8}$$

となる．ただし，$\omega_1 = \sqrt{\frac{g}{\ell}}, \omega_2 = \sqrt{\frac{g}{\ell} + \frac{2k}{m}}$ で，A_1, A_2, ϕ_1, ϕ_2 は定数である．添え字の 1 と 2 は，おもりの 1 と 2 とは関係がないので注意してほしい．よって，この連立方程式を解くと，θ_1, θ_2 はそれぞれ

$$\theta_1 = \frac{A_1}{2}\sin(\omega_1 t + \phi_1) + \frac{A_2}{2}\sin(\omega_2 t + \phi_2) \tag{3.9}$$

$$\theta_2 = \frac{A_1}{2}\sin(\omega_1 t + \phi_1) - \frac{A_2}{2}\sin(\omega_2 t + \phi_2) \tag{3.10}$$

と求まった．新たな定数 $B_1 = \frac{A_1}{2}, B_2 = \frac{A_2}{2}$ を導入すると，2 式は以下のように書き直せる．

$$\theta_1 = B_1 \sin(\omega_1 t + \phi_1) + B_2 \sin(\omega_2 t + \phi_2) \tag{3.11}$$

$$\theta_2 = B_1 \sin(\omega_1 t + \phi_1) - B_2 \sin(\omega_2 t + \phi_2) \tag{3.12}$$

ここで，式から導き出されたおもりの運動について考えてみよう．まず $B_1 \neq 0, B_2 = 0$ の場合を考えてみる．このとき，θ_1 と θ_2 は全く同じ式となるので，2 つのおもりは全く同じ運動をすることになる．つまり，2 つのおもり

基準モード 1

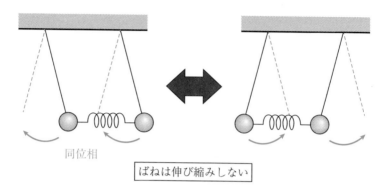

同位相

ばねは伸び縮みしない

基準モード 2

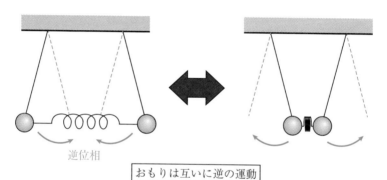

逆位相

おもりは互いに逆の運動

の間のばねは全く伸び縮みせず，2 つのおもりは間隔を変えることなく運動することになる．このときの角振動数 ω_1 は，$\omega_1 = \sqrt{\frac{g}{\ell}}$ であり，振り子の長さ ℓ と重力加速度 g のみで決まり，ばね定数 k に依存しないことからも，ばねとは関係のない運動だと分かる．

　次に，$B_1 = 0, B_2 \neq 0$ の場合を考える．このとき，θ_1 と θ_2 の位相は同じだが振幅の符号が逆となり，2 つのおもりの運動は互いに逆位相となるので，2 つのおもりは近づいたり離れたりする．その角振動数 ω_2 は $\omega_2 = \sqrt{\frac{g}{\ell} + \frac{2k}{m}}$ であり，今度はばね定数 k にも依存することが分かる．ばね定数 k が大きいほど，ω_2 も大きくなる．

　以上のことから，おもりが 2 つの連成振り子の運動は，2 つの独立な**基準振**

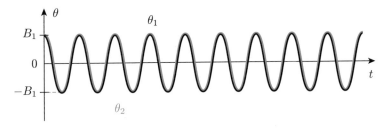

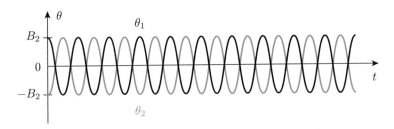

動，またの名を**基準モード**の重ね合わせで表現できることが分かった．その基準振動とは，2 つのおもりが同位相で角振動数 ω_1 で運動する基準モード 1 と，2 つのおもりが逆位相で角振動数 ω_2 で運動する基準モード 2 である．実際の運動は，定数 B_1, B_2, ϕ_1, ϕ_2 で決まり，かなり複雑なものとなるが，基準振動に分解して考えれば，比較的簡単な式で運動を表現できることが分かった．

例題 3.1

θ_1, θ_2 の 1 階，2 階の時間微分を求めよ．

【解答】

$$\frac{d\theta_1}{dt} = B_1\omega_1 \cos(\omega_1 t + \phi_1) + B_2\omega_2 \cos(\omega_2 t + \phi_2)$$

$$\frac{d\theta_2}{dt} = B_1\omega_1 \cos(\omega_1 t + \phi_1) - B_2\omega_2 \cos(\omega_2 t + \phi_2)$$

$$\frac{d^2\theta_1}{dt^2} = -B_1\omega_1^2 \sin(\omega_1 t + \phi_1) - B_2\omega_2^2 \sin(\omega_2 t + \phi_2)$$

$$\frac{d^2\theta_2}{dt^2} = -B_1\omega_1^2 \sin(\omega_1 t + \phi_1) + B_2\omega_2^2 \sin(\omega_2 t + \phi_2) \qquad \square$$

● **うなり** ここからは，$B_1 \neq 0, B_2 \neq 0$ の具体的な例について考えよう．2 連成振り子の右側のおもりは $\theta_2 = 0$ に制止させたまま，左側のおもりを振れ 角 B だけ手で移動させ，時刻 $t = 0$ において静かに放したとする．このとき初 期条件は以下のとおりである．

$$\theta_1(0) = B, \qquad \theta_2(0) = 0$$

$$\frac{d}{dt}\theta_1(0) = 0, \qquad \frac{d}{dt}\theta_2(0) = 0$$

これを θ_1, θ_2 を表す式 (3.11), (3.12) に代入すると

$$B_1 \sin \phi_1 + B_2 \sin \phi_2 = B \tag{3.13}$$

$$B_1 \sin \phi_1 - B_2 \sin \phi_2 = 0 \tag{3.14}$$

となる．2 式の和と差より $B_1 = \frac{B}{2\sin\phi_1}, B_2 = \frac{B}{2\sin\phi_2}$ となるので，$B_1 \neq 0, B_2 \neq 0$ である．

また，初期条件を $\frac{d\theta_1}{dt}, \frac{d\theta_2}{dt}$ の式に代入すると

$$B_1\omega_1 \cos \phi_1 + B_2\omega_2 \cos \phi_2 = 0 \tag{3.15}$$

$$B_1\omega_1 \cos \phi_1 - B_2\omega_2 \cos \phi_2 = 0 \tag{3.16}$$

となる．よって，$B_1 \cos \phi_1 = 0, B_2 \cos \phi_2 = 0$ が導かれるが，$B_1 \neq 0, B_2 \neq 0$ なので，$\cos \phi_1 = \cos \phi_2 = 0$ が導かれる．ここでは代表として $\phi_1 = \phi_2 = \frac{\pi}{2}$ を選ぶと，$B_1 = B_2 = \frac{B}{2}$ となる．つまり，この振動は B_1 と B_2 の大きさが 同じ場合に相当する．この場合，ω_1 と ω_2 の振動が混在することになる．まと めると

$$\theta_1 = \frac{B}{2}(\cos \omega_1 t + \cos \omega_2) \tag{3.17}$$

$$\theta_2 = \frac{B}{2}(\cos \omega_1 t - \cos \omega_2) \tag{3.18}$$

三角関数の和積の公式 (A.13), (A.14) を使うと

$$\begin{aligned}
\theta_1 &= B \cos \frac{\omega_1 + \omega_2}{2} t \cos \frac{\omega_1 - \omega_2}{2} t \\
&= B \cos \frac{\omega_1 + \omega_2}{2} t \cos \frac{\omega_2 - \omega_1}{2} t
\end{aligned} \tag{3.19}$$

$$\theta_2 = -B \sin \frac{\omega_1 + \omega_2}{2} t \sin \frac{\omega_1 - \omega_2}{2} t$$
$$= B \sin \frac{\omega_1 + \omega_2}{2} t \sin \frac{\omega_2 - \omega_1}{2} t \tag{3.20}$$

となる．これは，ω_1 と ω_2 の平均である速い振動と，ω_1 と ω_2 の差である遅い振動の積になり，$\frac{\omega_2 - \omega_1}{2}$ の振動で形成される包絡線の中に，$\frac{\omega_1 + \omega_2}{2}$ の振動が閉じ込められる形となり，グラフは図で示されるような形となる．このとき ω_1 と ω_2 の値が近ければ，ω_1 と ω_2 の差に相当するうなりが発生することになる．

　この図を見ると，面白いことが分かる．初めは左の振り子のみが振動するが，徐々に振動が右の振り子に移り，左の振り子は静止する．そしてまた左の振り子に振動が戻り，振動エネルギーが緩やかに左と右の振り子を行ったり来たりする．この現象は，左右に紐を少し緩めに張り，2 つの振り子を吊り下げることでも簡単に再現できるので，ぜひ試してみてほしい．計算で用いたモデルとはばねの配置などが異なるが，振り子を左右ではなく前後に振ることでうまく行く．

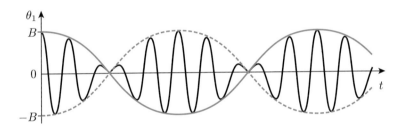

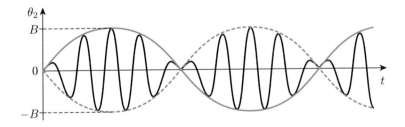

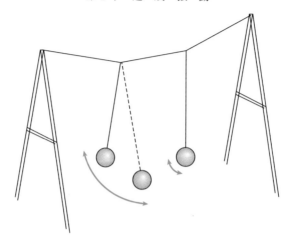

● **2 質点の水平ばね振り子**　次に，同じ 2 質点の連成振動の例として，以下の例題のような 2 質点の水平ばね振り子について考える．

例題 3.2

　2 質点（質量 m）の水平ばね振り子がつり合いの位置にあるとき，ばね（ばね定数 k）は全て自然長であるとする．各質点がつり合いの位置からずれた距離（変位）u_1, u_2 が満たす式を求めよ．

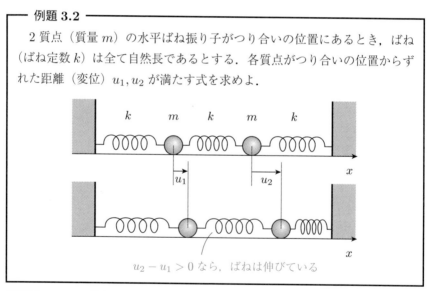

$u_2 - u_1 > 0$ なら，ばねは伸びている

【解答】　2 つの質点の運動方程式はそれぞれ

$$m\frac{d^2 u_1}{dt^2} = -ku_1 + k(u_2 - u_1)$$

$$m\frac{d^2 u_2}{dt^2} = -ku_2 - k(u_2 - u_1)$$

ここで $\omega_0 = \sqrt{\frac{k}{m}}$ とおくと

$$\frac{d^2 u_1}{dt^2} = \omega_0^2(-2u_1 + u_2)$$

$$\frac{d^2 u_2}{dt^2} = \omega_0^2(u_1 - 2u_2)$$

となる．この連立微分方程式を解くには，2 式の和と差を考える．すなわち，以下の 2 式が得られる．

$$\frac{d^2}{dt^2}(u_1 + u_2) = -\omega_0^2(u_1 + u_2)$$

$$\frac{d^2}{dt^2}(u_1 - u_2) = -3\omega_0^2(u_1 - u_2)$$

ここで $u_1 + u_2$ と $u_1 - u_2$ を新しい変数として考えると，これら 2 式は単振動の式である．よって解は

$$u_1 + u_2 = 2A_1 \sin(\omega_0 t + \phi_1)$$

$$u_1 - u_2 = 2A_2 \sin(\sqrt{3}\,\omega_0 t + \phi_2)$$

となる．A_1, A_2, ϕ_1, ϕ_2 は定数である．また，後で式の形を見やすくするために右辺にはあらかじめ 2 がかけてある．

2 式より，2 つの質点の変位 u_1, u_2 の時間発展は以下のとおり求まる．

$$u_1 = A_1 \sin(\omega_0 t + \phi_1) + A_2 \sin(\sqrt{3}\,\omega_0 t + \phi_2)$$

$$u_2 = A_1 \sin(\omega_0 t + \phi_1) - A_2 \sin(\sqrt{3}\,\omega_0 t + \phi_2) \qquad \Box$$

　例題より，u_1, u_2 は角振動数 ω_0 と $\sqrt{3}\,\omega_0$ の 2 つの振動の合成であることが分かった．各振動の成分について考えてみよう．基準モード 1 は $u_1 + u_2$ に関する単振動だが，両辺を 2 で割ると u_1 と u_2 の平均となるので，2 つの質点の中心値が角振動数 ω_0 で振動する運動を表す．式で $A_1 \neq 0, A_2 = 0$ のとき，2 つの質点は全く同じ ω_0 で同じ位相の振動となり，真ん中のばねは伸び縮みしないことになる．

基準モード2は $u_1 - u_2$ が単振動をするので，2つの質点間の距離が角振動数 $\sqrt{3}\,\omega_0$ で変化することを示す．式で $A_1 = 0, A_2 \neq 0$ のとき，2つの質点は互いに逆位相の $\sqrt{3}\,\omega_0$ の振動となり，運動は左右対称となるので，2つの質点の中心値は変化しない．

基準モード1

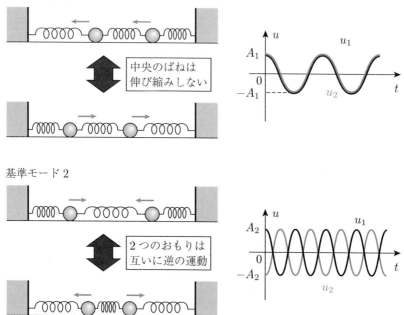

基準モード2

3.2　3 質点の連成振動

続いて，連成振り子と水平ばね振り子の双方に対し，3質点に拡張した系について考える．

● **3連成振り子**　おもりが3つの場合の連成振り子の運動も，2質点のときと同様にして解くことができる．図のように，長さ ℓ の3つの振り子がばね定数 k の2つのばねでつながっているとする．おもりが全て鉛直の位置で静止しているとき，ばねは自然長とする．振り子の振れ角を左の振り子から順に

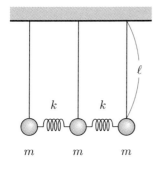 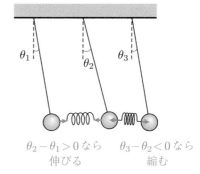

$\theta_2 - \theta_1 > 0$なら　　$\theta_3 - \theta_2 < 0$なら
伸びる　　　　　　縮む

$\theta_1, \theta_2, \theta_3$ とすると，各おもりの運動方程式は

$$m\frac{d^2}{dt^2}(\ell\theta_1) = -mg\theta_1 + k(\ell\theta_2 - \ell\theta_1) \tag{3.21}$$

$$m\frac{d^2}{dt^2}(\ell\theta_2) = -mg\theta_2 + k(\ell\theta_3 - \ell\theta_2) - k(\ell\theta_2 - \ell\theta_1) \tag{3.22}$$

$$m\frac{d^2}{dt^2}(\ell\theta_3) = -mg\theta_3 - k(\ell\theta_3 - \ell\theta_2) \tag{3.23}$$

と書ける．両辺を $m\ell$ で割ると以下のようになる．

$$\frac{d^2\theta_1}{dt^2} = -\frac{g}{\ell}\theta_1 - \frac{k}{m}(\theta_1 - \theta_2) \tag{3.24}$$

$$\frac{d^2\theta_2}{dt^2} = -\frac{g}{\ell}\theta_2 + \frac{k}{m}(\theta_1 - 2\theta_2 + \theta_3) \tag{3.25}$$

$$\frac{d^2\theta_3}{dt^2} = -\frac{g}{\ell}\theta_3 + \frac{k}{m}(\theta_2 - \theta_3) \tag{3.26}$$

　ここからは先ほどと同様に，どのような基準振動が存在するかを探っていく．単振り子では単一の基準振動のみが存在したとみなせるので，基準振動の数は 1 である．2 連成振り子では自由度が 2 となったので，基準振動の数は 2 であった．以上のことから，3 つのおもりが連なった 3 連成振り子では自由度は 3 なので，基準振動が 3 つ存在すると予想できる．まず式 (3.24) ＋ 式 (3.25) ＋ 式 (3.26) より

$$\frac{d^2}{dt^2}(\theta_1 + \theta_2 + \theta_3) = -\frac{g}{\ell}(\theta_1 + \theta_2 + \theta_3) \tag{3.27}$$

が得られる．また式 (3.24) − 式 (3.26) より

$$\frac{d^2}{dt^2}(\theta_1 - \theta_3) = -\left(\frac{g}{\ell} + \frac{k}{m}\right)(\theta_1 - \theta_3) \tag{3.28}$$

が得られる．これで 2 つの $\theta_1, \theta_2, \theta_3$ の 1 次結合についての単振動の形の微分方程式を導くことができたので，基準振動を 2 つ見つけることができた．先ほど予想したように，さらにもう 1 つの基準振動が存在するはずである．それを求めるためには，いったん式 (3.24)＋式 (3.26) を書き表してみる．

$$\frac{d^2}{dt^2}(\theta_1 + \theta_3) = -\frac{g}{\ell}(\theta_1 + \theta_3) - \frac{k}{m}(\theta_1 - 2\theta_2 + \theta_3)$$

すると，この式から式 (3.25)×2 を引けばよいことが分かる．すなわち

$$\frac{d^2}{dt^2}(\theta_1 - 2\theta_2 + \theta_3) = -\left(\frac{g}{\ell} + \frac{3k}{m}\right)(\theta_1 - 2\theta_2 + \theta_3) \tag{3.29}$$

が 3 つ目の基準振動の微分方程式である．

この 3 つの微分方程式 (3.27), (3.28), (3.29) を解くと

$$\theta_1 + \theta_2 + \theta_3 = A_1 \sin(\omega_1 t + \phi_1) \tag{3.30}$$

$$\theta_1 - \theta_3 = A_2 \sin(\omega_2 t + \phi_2) \tag{3.31}$$

$$\theta_1 - 2\theta_2 + \theta_3 = A_3 \sin(\omega_3 t + \phi_3) \tag{3.32}$$

となる．ただし，$\omega_1 = \sqrt{\frac{g}{\ell}}, \omega_2 = \sqrt{\frac{g}{\ell} + \frac{k}{m}}, \omega_3 = \sqrt{\frac{g}{\ell} + \frac{3k}{m}}$，また $A_1, A_2, A_3, \phi_1, \phi_2, \phi_3$ は定数である．この連立方程式を解くと

$$\theta_1 = \frac{A_1}{3}\sin(\omega_1 t + \phi_1) + \frac{A_2}{2}\sin(\omega_2 t + \phi_2) + \frac{A_3}{6}\sin(\omega_3 t + \phi_3) \tag{3.33}$$

$$\theta_2 = \frac{A_1}{3}\sin(\omega_1 t + \phi_1) \qquad\qquad\qquad - \frac{A_3}{3}\sin(\omega_3 t + \phi_3) \tag{3.34}$$

$$\theta_3 = \frac{A_1}{3}\sin(\omega_1 t + \phi_1) - \frac{A_2}{2}\sin(\omega_2 t + \phi_2) + \frac{A_3}{6}\sin(\omega_3 t + \phi_3) \tag{3.35}$$

と求めることができる．2 連成振り子のときと同様に新たな定数 $B_1 = \frac{A_1}{3}, B_2 = \frac{A_2}{2}, B_3 = \frac{A_3}{6}$ を導入すると，3 式は以下のように書き直せる．

$$\theta_1 = B_1 \sin(\omega_1 t + \phi_1) + B_2 \sin(\omega_2 t + \phi_2) + B_3 \sin(\omega_3 t + \phi_3) \tag{3.36}$$

$$\theta_2 = B_1 \sin(\omega_1 t + \phi_1) \qquad\qquad\qquad - 2B_3 \sin(\omega_3 t + \phi_3) \tag{3.37}$$

$$\theta_3 = B_1 \sin(\omega_1 t + \phi_1) - B_2 \sin(\omega_2 t + \phi_2) + B_3 \sin(\omega_3 t + \phi_3) \tag{3.38}$$

基準モード1

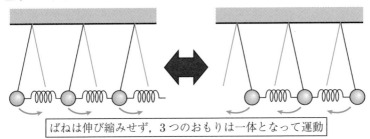

| ばねは伸び縮みせず，3つのおもりは一体となって運動 |

基準モード2

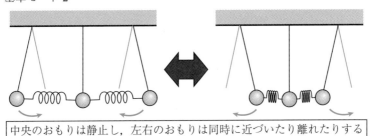

| 中央のおもりは静止し，左右のおもりは同時に近づいたり離れたりする |

基準モード3

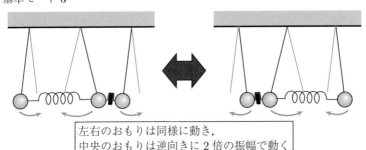

| 左右のおもりは同様に動き，
中央のおもりは逆向きに2倍の振幅で動く |

　この解の形を見ると，2連成振り子のときと同様に，3つの各基準モードのそれぞれで $\theta_1, \theta_2, \theta_3$ の位相が一致していることが分かる．

　このケースでは比較的簡単に単振動の形の微分方程式を満たす3つの $\theta_1, \theta_2, \theta_3$ の1次結合を見つけることができたが，通常は自由度が3ともなると，各基準振動を探し出すのは非常に難しいことが分かる．そこで次に3質点の水平ばね振り子を例に，一般的な解き方を紹介する．

● **3質点の水平ばね振り子** 3質点の水平ばね振り子について解を求める方法を考える．図のように質量 m の3つの質点が，ばね定数 k の4つのばねによって左右の壁とつながっている水平ばね振り子があるとする．各質点がつり合いの位置にあるとき，各ばねは自然長である．各質点がつり合いの位置からずれた距離（変位）u_1, u_2, u_3 の運動方程式は

$$m\frac{d^2u_1}{dt^2} = -ku_1 + k(u_2 - u_1) \tag{3.39}$$

$$m\frac{d^2u_2}{dt^2} = -k(u_2 - u_1) + k(u_3 - u_2) \tag{3.40}$$

$$m\frac{d^2u_3}{dt^2} = -k(u_3 - u_2) - ku_3 \tag{3.41}$$

ここで $\omega_0 = \sqrt{\frac{k}{m}}$ とおくと

$$\frac{d^2u_1}{dt^2} = \omega_0^2(-2u_1 + u_2 \qquad) \tag{3.42}$$

$$\frac{d^2u_2}{dt^2} = \omega_0^2(\quad u_1 - 2u_2 + u_3) \tag{3.43}$$

$$\frac{d^2u_3}{dt^2} = \omega_0^2(\qquad u_2 - 2u_3) \tag{3.44}$$

ここで，2連成振り子，3連成振り子の結果から u_1, u_2, u_3 の基準モードの解は角振動数と初期位相が共通で振幅のみが異なると予想できるので

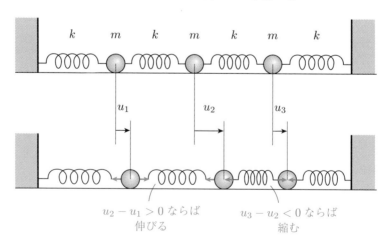

$$u_1 = A_1 \sin(\omega t + \phi) \tag{3.45}$$

$$u_2 = A_2 \sin(\omega t + \phi) \tag{3.46}$$

$$u_3 = A_3 \sin(\omega t + \phi) \tag{3.47}$$

の形で仮定して式 (3.42)–(3.44) に代入すると，以下のようになる．

$$-\omega^2 A_1 \sin(\omega t + \phi) = \omega_0^2(-2A_1 + A_2 \quad\quad) \sin(\omega t + \phi) \tag{3.48}$$

$$-\omega^2 A_2 \sin(\omega t + \phi) = \omega_0^2(\quad A_1 - 2A_2 + A_3) \sin(\omega t + \phi) \tag{3.49}$$

$$-\omega^2 A_3 \sin(\omega t + \phi) = \omega_0^2(\quad\quad A_2 - 2A_3) \sin(\omega t + \phi) \tag{3.50}$$

上の 3 式の $\sin(\omega t + \phi)$ を消去して，ベクトルと行列を用いて書き直すと

$$\begin{pmatrix} -\omega^2 & 0 & 0 \\ 0 & -\omega^2 & 0 \\ 0 & 0 & -\omega^2 \end{pmatrix} \begin{pmatrix} A_1 \\ A_2 \\ A_3 \end{pmatrix} = \omega_0^2 \begin{pmatrix} -2 & 1 & 0 \\ 1 & -2 & 1 \\ 0 & 1 & -2 \end{pmatrix} \begin{pmatrix} A_1 \\ A_2 \\ A_3 \end{pmatrix} \tag{3.51}$$

となる．$\omega^2 = \alpha \omega_0^2$ とおいて ω_0^2 を消去すると

$$\begin{pmatrix} \alpha - 2 & 1 & 0 \\ 1 & \alpha - 2 & 1 \\ 0 & 1 & \alpha - 2 \end{pmatrix} \begin{pmatrix} A_1 \\ A_2 \\ A_3 \end{pmatrix} = \mathbf{0} \tag{3.52}$$

となる．ここで，式 (3.52) が $A_1 = A_2 = A_3 = 0$ 以外の解を持つためには，行列の部分の**行列式**が 0 でなければならない．そこで ω を求めるためには

$$\begin{vmatrix} \alpha - 2 & 1 & 0 \\ 1 & \alpha - 2 & 1 \\ 0 & 1 & \alpha - 2 \end{vmatrix} = 0 \tag{3.53}$$

を解けばよいことになる．3×3 行列の行列式の計算の仕方は，図で示したように + で示す 3 つの要素の積は足し，− で示す 3 つの要素の積は引く．

$$(\alpha - 2)^3 - 2(\alpha - 2) = 0$$

$$(\alpha - 2)(\alpha^2 - 4\alpha + 2) = 0$$

$$\alpha = 2, 2 \pm \sqrt{2}$$

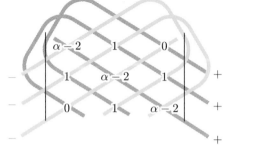

$$\omega > 0 \, \text{より} \, \omega = \sqrt{2}\,\omega_0, \sqrt{2 \pm \sqrt{2}}\,\omega_0 \tag{3.54}$$

よって，この連成振動の 3 つの基準振動の角振動数 ω が求まった．基準モード数 1, 2, 3 の角振動数を小さい順に

$$\omega_1 = \sqrt{2 - \sqrt{2}}\,\omega_0, \quad \omega_2 = \sqrt{2}\,\omega_0, \quad \omega_3 = \sqrt{2 + \sqrt{2}}\,\omega_0 \tag{3.55}$$

と定義し，それぞれの場合について式 (3.45)–(3.47) を求める．

まず基準モード 2，すなわち $\omega_2 = \sqrt{2}\,\omega_0$ のとき，$\alpha = 2$ なので式 (3.52) は

$$\begin{pmatrix} 0 & 1 & 0 \\ 1 & 0 & 1 \\ 0 & 1 & 0 \end{pmatrix} \begin{pmatrix} A_1 \\ A_2 \\ A_3 \end{pmatrix} = \mathbf{0}$$

となる．これを満たす A_1, A_2, A_3 の組み合わせの 1 つは

$$\begin{pmatrix} A_1 \\ A_2 \\ A_3 \end{pmatrix} = \begin{pmatrix} 1 \\ 0 \\ -1 \end{pmatrix}$$

つまり各振幅の比が $A_1 : A_2 : A_3 = 1 : 0 : -1$ と分かり，式 (3.45)–(3.47) は新たな定数 B_2 と，この基準モードの初期位相 ϕ_2 を用いて

$$u_1 = B_2 \sin(\omega_2 t + \phi_2) \tag{3.56}$$

$$u_2 = 0 \tag{3.57}$$

$$u_3 = -B_2 \sin(\omega_2 t + \phi_2) \tag{3.58}$$

と書き直すことができる.

次に $\omega_{1,3} = \sqrt{2 \mp \sqrt{2}}\,\omega_0$ のとき,$\alpha = 2 \mp \sqrt{2}$ なので式 (3.52) は

$$\begin{pmatrix} \mp\sqrt{2} & 1 & 0 \\ 1 & \mp\sqrt{2} & 1 \\ 0 & 1 & \mp\sqrt{2} \end{pmatrix} \begin{pmatrix} A_1 \\ A_2 \\ A_3 \end{pmatrix} = \mathbf{0}$$

となる.これを満たす A_1, A_2, A_3 の組み合わせは

$$\begin{pmatrix} A_1 \\ A_2 \\ A_3 \end{pmatrix} = \begin{pmatrix} 1 \\ \pm\sqrt{2} \\ 1 \end{pmatrix}$$

となり,各振幅の比が $A_1 : A_2 : A_3 = 1 : \pm\sqrt{2} : 1$ と分かる.式 (3.45)–(3.47) は新たな定数 B_1, B_3 と初期位相 ϕ_1, ϕ_3 を用いて

$$u_1 = B_1 \sin(\omega_1 t + \phi_1) \tag{3.59}$$

$$u_2 = \sqrt{2}\,B_1 \sin(\omega_1 t + \phi_1) \tag{3.60}$$

$$u_3 = B_1 \sin(\omega_1 t + \phi_1) \tag{3.61}$$

および

$$u_1 = B_3 \sin(\omega_3 t + \phi_3) \tag{3.62}$$

$$u_2 = -\sqrt{2}\,B_3 \sin(\omega_3 t + \phi_3) \tag{3.63}$$

$$u_3 = B_3 \sin(\omega_3 t + \phi_3) \tag{3.64}$$

と書き直すことができる.

以上により u_1, u_2, u_3 の一般解は式 (3.56)–(3.64) の和で表せるので

$$u_1 = B_1 \sin(\omega_1 t + \phi_1) + B_2 \sin(\omega_2 t + \phi_2) + B_3 \sin(\omega_3 t + \phi_3) \tag{3.65}$$

$$u_2 = \sqrt{2}\,B_1 \sin(\omega_1 t + \phi_1) \qquad\qquad - \sqrt{2}\,B_3 \sin(\omega_3 t + \phi_3) \tag{3.66}$$

$$u_3 = B_1 \sin(\omega_1 t + \phi_1) - B_2 \sin(\omega_2 t + \phi_2) + B_3 \sin(\omega_3 t + \phi_3) \tag{3.67}$$

が求められた.

各基準振動について考えてみる.基準モード 1 は,3 つのおもりが同位相で

振動する運動だが，中央のおもりの振幅のみ，左右の $\sqrt{2}$ 倍大きい．基準モード 2 は，中央のおもりが静止し，左右のおもりが同じ振幅で逆位相で振動する運動である．基準モード 3 は，左右のおもりが同じ振幅で同位相で振動し，中央のおもりのみ逆位相で，$\sqrt{2}$ 倍の振幅で振動する運動である．

　各基準振動を，横軸 x，縦軸を変位 u にして，図の右側に表示してみた．すると面白いことが分かる．基準モード 1 は，端から端までを半波長とした振動であり，基準モード 2 は端から端までを 1 波長，基準モード 3 は $\frac{2}{3}$ 波長とした振動であることが分かる．変位の大きさも正弦関数に則っている．つまり，

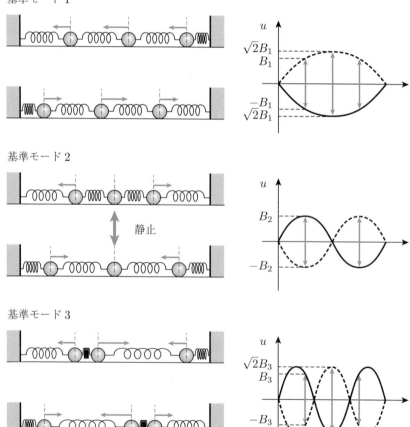

おもりがさらに1つ増え，基準モード数が4まで増えれば，端から端までを2波長とした基準振動が加わることが予想される．

　さらにおもりが増えていき，おもりの数が無限個，すなわち連続体となれば，無限の基準モード数で振動が分解できることが予想される．これがフーリエ級数の考え方であり，次章で扱う連続体の振動，すなわち**波動**の基本的な考え方となる．

3.3 多質点の連成振動

● **N 質点の水平ばね振り子**　多質点の連成振動も行列式を用いて解くことができるが，その計算は一般的にはとても複雑となる．ここでは，なるべく単純な例として，前節までに出てきた水平ばね振り子の自由度が N，つまり質点の数が N 個の場合の一般解を求めてみる．おもりの数が3個以下の水平ばね振り子で得られた結果をもとに，ばね定数 k のばねでつながる N 質点の水平ばね振り子の連成振動を予想し，確認してみよう．

　まずは1個のおもりが，ばね定数 k のばねに挟まれて左右の壁とつながっている場合を考える．1章章末の演習1.1で解いたとおり，基準振動の角振動数 $\omega_1 = \sqrt{\frac{2k}{m}}$ なので，前節と同じく $\omega_0 = \sqrt{\frac{k}{m}}$ を用いると，$\omega_1 = \sqrt{2}\,\omega_0$ となる．

　次に，おもりが2個および3個の水平ばね振り子の基準振動と角振動数については，前節までで述べた．

　それでは，N 質点の水平ばね振り子の運動方程式を考えてみよう．水平ばね振り子全体の長さ，つまり左右の壁から壁への距離を L とする．すると左から j 番目の位置にあるおもりの，つり合いの位置 x_j は

$$x_j = \frac{jL}{N+1} \quad (j = 1, 2, \ldots, N) \tag{3.68}$$

となる．ここで，左右の壁の位置にも，動かないおもりが存在するとする．つまり，$x_0 = 0, x_{N+1} = L$ とおく．すると

$$x_j = \frac{jL}{N+1} \quad (j = 0, 1, 2, \ldots, N, N+1) \tag{3.69}$$

と拡張することができる．各 j 番目のおもりの変位を u_j とすると，壁の位置

(x_0, x_{N+1}) には動かないおもりがあるとしているので，$u_0 = 0, u_{N+1} = 0$ と
なる．

おもりが 1 個から 3 個の場合の水平ばね振り子の振動の様子から，おもりが
N 個の場合の基準振動を予想してみよう．横軸をおもりのつり合いの位置 x，
縦軸を各おもりの変位 u ととると，ある時刻での各おもりの変位は，壁の位置
となる両端を 0 とする正弦関数に乗る．そしておもりが 3 個の場合の基準振動
から分かるとおり，その正弦関数の波長は，基準モード 1 のときは $2L$，基準
モード 2 のときは L，基準モード 3 のときは $\frac{2L}{3}$ となる．各おもりの変位の値
は，時刻と共に正弦関数の形を維持しながら振幅のみを変化させる．

よっておもりが N 個の場合は，各基準モードの波長は以下のように予想で
きる．

$$\lambda_n = \frac{2L}{n} \quad (n = 1, 2, \ldots, N) \tag{3.70}$$

よって，x_j の位置のおもりの変位 u_j は，各基準振動の重ね合わせで

$$
\begin{aligned}
u_j &= \sum_{n=1}^{N} A_n \sin \frac{2\pi x_j}{\lambda_n} \sin(\omega_n t + \phi_n) \\
&= \sum_{n=1}^{N} A_n \sin \left(\frac{2\pi jL}{N+1} \frac{n}{2L} \right) \sin(\omega_n t + \phi_n) \\
&= \sum_{n=1}^{N} A_n \sin \frac{nj\pi}{N+1} \sin(\omega_n t + \phi_n)
\end{aligned} \tag{3.71}
$$

と表すことができる．ただし，ω_n, ϕ_n は基準モード n の角振動数と初期位相
である．

初期位相 ϕ_n は任意であるが，角振動数 ω_n は特定の値でなければ運動方程
式を満足しない．予想されたおもりの変位 u_n を運動方程式に代入することで，
角振動数 ω_n を求めてみよう．おもりが 2 個もしくは 3 個の場合から考える
と，おもりが N 個の場合の j 番目のおもりの運動方程式は

$$m \frac{d^2 u_j}{dt^2} = k u_{j-1} - 2k u_j + k u_{j+1} \tag{3.72}$$

となる．この式は，壁の位置 (x_0, x_{N+1}) に動かないおもり $(u_0 = u_{N+1} = 0)$
を導入していることで，$j = 1, N$ の場合も成り立つ．両辺を m で割ると

$$\frac{d^2 u_j}{dt^2} = \omega_0^2 (u_{j-1} - 2u_j + u_{j+1}) \tag{3.73}$$

となる. この式に, 変位 u_j の式 (3.71) の基準モード n の成分, つまり

$$u_j = A_n \sin \frac{nj\pi}{N+1} \sin(\omega_n t + \phi_n) \tag{3.74}$$

を代入すると

$$- A_n \, \omega_n^2 \sin \frac{nj\pi}{N+1} \sin(\omega_n t + \phi_n)$$

$$= A_n \, \omega_0^2 \left\{ \sin \frac{n(j-1)\pi}{N+1} - 2 \sin \frac{nj\pi}{N+1} + \sin \frac{n(j+1)\pi}{N+1} \right\} \sin(\omega_n t + \phi_n)$$

$$-\omega_n^2 \sin \frac{nj\pi}{N+1} = \omega_0^2 \left\{ \sin \frac{n(j-1)\pi}{N+1} - 2 \sin \frac{nj\pi}{N+1} + \sin \frac{n(j+1)\pi}{N+1} \right\}$$

となる. ここで三角関数の和積の公式 (A.11) を用いると

$$\sin \frac{n(j-1)\pi}{N+1} + \sin \frac{n(j+1)\pi}{N+1} = 2 \sin \frac{nj\pi}{N+1} \cos \frac{n\pi}{N+1}$$

となるので

$$-\omega_n^2 \sin \frac{nj\pi}{N+1} = \omega_0^2 \left(-2 \sin \frac{nj\pi}{N+1} + 2 \sin \frac{nj\pi}{N+1} \cos \frac{n\pi}{N+1} \right)$$

$$= -2\omega_0^2 \sin \frac{nj\pi}{N+1} \left(1 - \cos \frac{n\pi}{N+1} \right)$$

よって

$$\omega_n^2 = 2\omega_0^2 \left(1 - \cos \frac{n\pi}{N+1} \right)$$

$$= 2\omega_0^2 \times 2 \sin^2 \frac{n\pi}{2(N+1)} \tag{3.75}$$

と求まった. ただし三角関数の 2 倍角の公式 (A.3) を用いた. $1 \le n \le N$ の範囲で, $0 < \sin \frac{n\pi}{2(N+1)} < 1$ となるので

$$\omega_n = 2\omega_0 \sin \frac{n\pi}{2(N+1)} \tag{3.76}$$

と求められた.

── 例題 3.3 ──

$N = 1, 2, 3$ のとき，水平ばね振り子の基準振動の角振動数 ω_n を，式 (3.76) と $\omega_0 = \sqrt{\frac{k}{m}}$ を用いて表せ．

【解答】 $N = 1$ のとき

$$\omega_n = 2\omega_0 \sin \frac{n\pi}{4} = \sqrt{2}\,\omega_0$$

$N = 2$ のとき

$$\omega_n = 2\omega_0 \sin \frac{n\pi}{6} = \omega_0, \sqrt{3}\,\omega_0$$

$N = 3$ のとき

$$\omega_n = 2\omega_0 \sin \frac{n\pi}{8} = \sqrt{2 - \sqrt{2}}\,\omega_0, \sqrt{2}\,\omega_0, \sqrt{2 + \sqrt{2}}\,\omega_0$$

三角関数の半角の公式 (A.5) から

$$\sin \frac{\pi}{8} = \sqrt{\frac{1 - \cos \frac{\pi}{4}}{2}} = \frac{\sqrt{2 - \sqrt{2}}}{2}$$

などと計算できる．

これらの結果は，この章で求められた $N = 1, 2, 3$ の水平ばね振り子の各基準振動の角振動数と一致していることが確認できる． □

● **N 質点の水平ばね振り子**

j 番目の質点の運動方程式 $(1 \le j \le N)$

$$m\frac{d^2 u_j}{dt^2} = ku_{j-1} - 2ku_j + ku_{j+1}$$

j 番目の質点の変位 u_j $(0 \le j \le N+1)$

$$u_j = \sum_{n=1}^{N} A_n \sin \frac{nj\pi}{N+1} \cdot \sin(\omega_n t + \phi_n)$$

$$\omega_n = 2\omega_0 \sin \frac{n\pi}{2(N+1)}$$

$$\left(\omega_0 = \sqrt{\frac{k}{m}},\ A_n, \phi_n \text{ は定数}\right)$$

演習問題

演習 3.1 2 質点（質量 m）の水平ばね振り子がつり合いの位置にあるとき，ばねは全て自然長であるとする．

(1) 3 つのばねのばね定数が左から $k, 2k, k$ のとき，2 つの基準振動の角振動数 $\omega_{1,2}$ を，$\omega_0 = \sqrt{\frac{k}{m}}$ を用いて求めよ．

(2) 3 つのばねのばね定数が左から $3k, k, k$ のとき，2 つの基準振動の角振動数 $\omega_{1,2}$ を，ω_0 を用いて求めよ．

演習 3.2 例題 3.2 において，力学的エネルギーが保存することを証明せよ．

演習 3.3 質量 m の 4 個の質点が円上にあり，各質点はばね定数 k のばねで結ばれている．ただしつり合いの位置で 4 つのばねは全て自然長とする．質点もばねも円周に沿って動くとき，この環状ばね振り子の 4 つの基準振動の角振動数を，$\omega_0 = \sqrt{\frac{k}{m}}$ を用いて求めよ．また，各基準モードはそれぞれ質点のどのような運動を表すか．

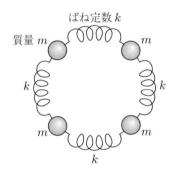

演習 3.4 N 質点の水平ばね振り子の $N = 5$ の場合について，5 つの基準振動の角振動数を，式 (3.76) を用いて求めよ．

第4章

連続体の振動

　この章では，連成振動を発展させて，無数の質点から成る連続体の振動を考える．連続体が振動する場合，ある質点の振動は隣接する質点に伝わり，それが次々と伝わっていくことで波動と呼ばれるものとなる．波動は，連続体を伝播する波であり，音波や地震波など多岐に渡る．波動を表す方程式は波動方程式と呼ばれる重要な方程式であるが，まずは楽器から音が出る仕組みと共に，1次元の波動方程式から求めてみよう．

4.1 弦 の 振 動

　バイオリンなどの弦楽器は，弦を振動させることで音が発生している．ピアノも内部に弦があり，音が出る仕組みは弦楽器と同じである．それではなぜバイオリンの 4 本の弦から出る音は異なり，指で弦を押さえつけると音の高さが変わるのか考えてみよう．

　長さ L，線密度 σ の弦が両端（$x = 0, L$）で固定され（**固定端**），張力 T で引っ張られているとする．弦は振動するときに，弦が張られている方向（x 方向）とは垂直に u だけ変位し，張力 T で引っ張られていることで $u = 0$ の位置に変位を戻そうとする復元力がはたらく．弦の x から $x + \Delta x$ までの微小区間を考えると，x の位置にはたらく張力と $x + \Delta x$ の位置にはたらく張力の大きさは T で等しいが，張力の u 成分はわずかに異なる．弦の変位 u は x, t の関数だが，図のように u 成分のみに着目し，t 成分は省略して書くと，弦の微小区間にはたらく力の u 成分 F は，弦が x 軸となす角度を $\theta(x)$ とすると

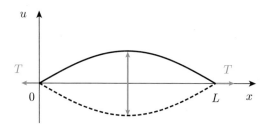

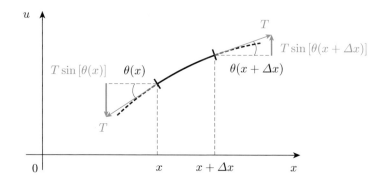

$$F = T \sin[\theta(x + \Delta x)] - T \sin[\theta(x)]$$

$$\approx T(\theta(x + \Delta x) - \theta(x))$$

$$\approx T \frac{\partial \theta}{\partial x} \Delta x \tag{4.1}$$

となる. ここで θ は十分小さいとして, $\sin \theta \approx \theta$ の近似を用いた. また, θ は正しくは x, t の関数なので, 偏微分を用いた. ここで, 弦の傾きは u を x で偏微分したものなので

$$\tan \theta = \frac{\partial u}{\partial x} \tag{4.2}$$

の関係がある. さらに $\tan \theta \approx \theta$ の近似を用いると, $\theta = \frac{\partial u}{\partial x}$ を式 (4.1) に代入して, F は

$$F = T \frac{\partial^2 u}{\partial x^2} \Delta x \tag{4.3}$$

となる. u が上に凸 ($\frac{\partial^2 u}{\partial x^2} < 0$) であれば $F < 0$, 下に凸 ($\frac{\partial^2 u}{\partial x^2} > 0$) であれば $F > 0$ となり, F は復元力を表している. 微小区間の質量は $\sigma \Delta x$ なので, 微小区間の u 方向の運動方程式は

$$\sigma \Delta x \frac{\partial^2 u}{\partial t^2} = T \frac{\partial^2 u}{\partial x^2} \Delta x$$

$$\sigma \frac{\partial^2 u}{\partial t^2} = T \frac{\partial^2 u}{\partial x^2} \tag{4.4}$$

と表すことができる. ここで, $v = \sqrt{\frac{T}{\sigma}}$ と置くと

$$\frac{\partial^2 u}{\partial t^2} = v^2 \frac{\partial^2 u}{\partial x^2} \tag{4.5}$$

と書き直すことができる. この, 変位 u の t による 2 階偏微分が x による 2 階偏微分と比例する形の式を, 1 次元の**波動方程式**と呼ぶ. この微分方程式は解くことが簡単で, 線形なので解の重ね合わせが可能である. 世の中には非線形波動も数多く存在するが, 近似的に線形波動方程式で扱えるものも多いので, 本書では全ての波動の基本となる線形波動方程式のみを扱う.

　1 次元の波動方程式の解は無数に存在するが, ここでは**変数分離法**を用いて, とりうる解の形を探してみよう. 弦の変位 $u(x, t)$ は x と t の関数だが, $u(x, t)$ が x のみの関数 $U(x)$ と t のみの関数 $W(t)$ の積で表せるとする. すなわち

$$u(x, t) = U(x)W(t)$$

の形で表し，これを波動方程式 (4.5) に代入すると

$$\frac{\partial^2}{\partial t^2}(U(x)W(t)) = v^2\frac{\partial^2}{\partial x^2}(U(x)W(t))$$

$$U(x)\frac{d^2}{dt^2}W(t) = v^2W(t)\frac{d^2}{dx^2}U(x)$$

$$\frac{1}{W}\frac{d^2W}{dt^2} = \frac{v^2}{U}\frac{d^2U}{dx^2}$$

ここで最後の式は x, t がいかなる場合でも成り立つ．右辺は x のみの関数，左辺は t のみの関数であるから，これらが等しくなるのはその値が定数となるときのみで

$$\frac{1}{W}\frac{d^2W}{dt^2} = \frac{v^2}{U}\frac{d^2U}{dx^2} = -\omega^2 \tag{4.6}$$

と置くことができる．するとこの式は，2 つの単振動の微分方程式

$$\frac{d^2W}{dt^2} = -\omega^2 W \tag{4.7}$$

$$\frac{d^2U}{dx^2} = -k^2 U \tag{4.8}$$

に分けて表すことができる．ただし，$k = \frac{\omega}{v}$ と定義し，k を**波数**と呼ぶ．これらの微分方程式から，$W(t)$ および $U(x)$ の解はすぐに分かり，それぞれ t および x を変数とする正弦関数の形となる．

　$u(x, t)$ が $U(x)$ と $W(t)$ の積であることから定数をまとめると

$$u(x, t) = A\sin(kx + \phi_x)\sin(\omega t + \phi_t) \tag{4.9}$$

が解の形となる．ただし，A, ϕ_x, ϕ_t は定数である．つまり，x 空間で波数 k を持つ振動ならば，時間的には角振動数 ω で振動する波であり，波数 k と角振動数 ω の間には，$\omega = vk$ の関係がある．これを波の**分散関係**と呼ぶ．v は速さの次元となり，次章で説明するように波動が伝播する速さを表す．振動の波長 λ は，空間に関する正弦関数の位相部分が 2π 変化する距離なので，$k\lambda = 2\pi$ より

$$\lambda = \frac{2\pi}{k} \tag{4.10}$$

となる．

定数を $-\omega^2$ のように負となるように定めたのは，解が振動解となるようにするためで，実は正でも解は求められる．ただしこの場合，解は発散解となり，両端が固定されているという境界条件を満たさない．

次に，弦の両端が固定端であるという境界条件を用いて解を絞っていく．境界条件は $U(0) = U(L) = 0$ なので，以下のようになる．

$$\sin \phi_x = 0 \tag{4.11}$$

$$\sin(kL + \phi_x) = 0 \tag{4.12}$$

式 (4.11) より，$\phi_x = 0, \pm\pi, \pm2\pi, \ldots$ となるが，式 (4.9) の A が正負の値をとり得るのであれば，$\phi_x = 0$ と選んでも一般性は失われない．よって式 (4.12) が成り立つには，自然数 n を用いると $kL = n\pi$ が条件となるので

$$k = \frac{n\pi}{L} \tag{4.13}$$

$$\lambda = \frac{2\pi}{k} = \frac{2L}{n} \tag{4.14}$$

$$\omega = vk = \frac{n\pi v}{L} \tag{4.15}$$

$$f = \frac{\omega}{2\pi} = \frac{nv}{2L} \tag{4.16}$$

となり，自然数 n に応じて決まる k と ω の組み合わせが無数にあることが分かった．式 (4.9) を式 (4.13), (4.15) を用いて書き直すと，以下のようになる．

$$u(x,t) = \sum_{n=1}^{\infty} A_n \sin \frac{n\pi x}{L} \sin\left(\frac{n\pi vt}{L} + \phi_n\right) \tag{4.17}$$

各基準振動について考えてみると，$n = 1$ のとき，弦は空間的に波長 $2L$ の正弦波となり，図の一番上の実線の状態，弦の変位がない状態，図の破線の状態を行き来する．両端が固定された弦ではこの基準振動が一番発生しやすくなり，これを**基本波**と呼ぶ．このときの時間的な振動は，振動数 $f = \frac{v}{2L} = \frac{1}{2L}\sqrt{\frac{T}{\sigma}}$ となり，この振動数によって我々が聞き取ることになる音のピッチ，つまり音の高さが決まる．振動数が $440\,\mathrm{Hz}$ ならばラの音となり，振動数が 2 倍の $880\,\mathrm{Hz}$ ならば，1 オクターブ高いラの音となる．

次に $n = 2$ 以上の基準振動について考える．n が大きいほど波長は小さくなっていき，図のように，振動の節の数が増えていく．これらの振動を，**高調波**と呼ぶ．高調波の振幅は基本波よりも一般的には小さい．各高調波により励

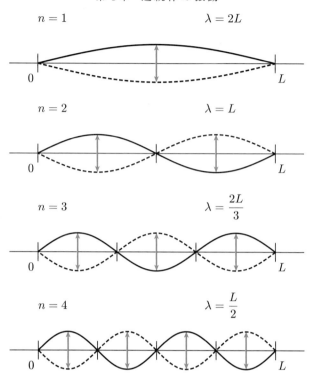

起のされやすさが異なり，その振幅と位相差でどう基本波に混ざるかによって
波形が決まり，これが音の音色を決める．そのため，同じラの音でもバイオリ
ンとピアノでは音色が異なることになる．

平均律とピタゴラス音律

　人間の耳には，2 倍振動数が高い音は，1 オクターブ高い同じ音として認識
される．そのため振動数の比が 1 : 2 の和音は八度と呼ばれ，とても調和が取
れているように聴こえる．次に調和が取れている振動数の比は 2 : 3 = 1 : 1.5
であり，これは例としてドとソの組み合わせで，完全五度と呼ぶ．ここでソに
対する完全五度はレ，というふうに完全五度の音を次々に探していくと，12 回
くり返したところで，$1.5^{12} = 129.75 \approx 2^7$ となるので，7 オクターブ高い元の
音となる．

　そこで，隣り合う音の振動数比を $2^{\frac{1}{12}}$ 倍にし，1 オクターブを対数スケール
で 12 分割した音律が平均律と呼ばれる．ところが平均律の場合，完全五度の振

動数比は $1 : 2^{\frac{7}{12}} = 1 : 1.4983$ となるため，わずかにうなりが発生する．このうなりをなくすように忠実に $1 : 1.5$ のくり返しで設定した音律を，ピタゴラス音律と呼ぶ．ピタゴラス音律は，基準とする音により全て変わってしまうので他の音階では使用できない．そのため通常ピアノは平均律で調律されている．

　図の基準振動を見ると，前章のばねの連成振動と非常に似ていることが分かる．ただし，ばねの連成振動では変位 u が x と同じ方向である**縦波**であったのに対し，弦の振動は変位 u が x 方向とは垂直である**横波**であるという違いがあった．縦波でも横波でも，同じ波動方程式で記述することができる．

　前章での結果から，自由度が N の連成振動では基準モードが N 個存在したが，連続体の振動では $N = \infty$ に相当し，基準モードは基本波とその高調波が無限個存在することになる．これは，この次のフーリエ級数の考え方に繋がっていく．

── 例題 4.1 ──

　バイオリンの 4 本の弦から出る音はなぜ異なり，なぜ指で弦を押さえつけると音が変わるのか．

【解答】 弦の振動による基本波の振動数 f は弦の長さ L，線密度 σ，張力 T を用いて，

$$f = \frac{1}{2L}\sqrt{\frac{T}{\sigma}}$$

であった．つまり，4 本の弦の長さが変わらないのに出る音が異なるのは，4 本の弦の線密度 σ が異なるからである．低い音が出る弦の方が太い，もしくは線密度が大きい材質を使っている．音の微調整は，張力 T を変えることでチューニングしている．弦を指で押さえつけると，弦の長さ L が変わることから音が高くなる． □

オーケストラのピッチ

　ラの音は $440\,\mathrm{Hz}$ である，と一般的には言われている．NHK の時報でも予報音が $440\,\mathrm{Hz}$，正報音が $880\,\mathrm{Hz}$ である．ところがオーケストラでは必ずしもラの音が $440\,\mathrm{Hz}$ ではなく，少し高い $442\,\mathrm{Hz}$ が使われることが多い．これは，ピッチが少し上がる方が華やかな音になるからである．オーケストラでは，コ

ンサート直前にオーボエがラの音を出し，他の楽器がそれに合わせてチューニングを行う．ただし，ピアノの調律はその場ですぐにはできないため，ピアノが参加するときにはピアノに合わせてチューニングを行う．

4.2　気 柱 の 振 動

断面積 S，x 方向の長さ L の気柱があるとき，気柱内の振動を考える．振動のないときの気体の密度を ρ，圧力を p_0 とする．振動がないときに x の位置にあった気体が，振動によって図のように x 方向に $u(x)$ だけ変位したとする．すると x から $x + \Delta x$ の位置にあった気体の体積 $V = S\Delta x$ は，振動によって $x + u(x)$ から $x + \Delta x + u(x + \Delta x)$ の位置に移動し，体積が ΔV 変化する．つまり

$$V + \Delta V = S \cdot \{(x + \Delta x + u(x + \Delta x)) - (x + u(x))\}$$
$$= S\Delta x + S \cdot (u(x + \Delta x) - u(x))$$

であるから

$$\Delta V = S \cdot (u(x + \Delta x) - u(x))$$
$$\approx S\frac{\partial u}{\partial x}\Delta x$$
$$= V\frac{\partial u}{\partial x}$$

となる．よって，体積の変化率 $\frac{\Delta V}{V}$ は，

$$\frac{\Delta V}{V} = \frac{\partial u}{\partial x} \tag{4.18}$$

と表せる．圧力の変化 $p(x)$ は，体積の変化率のマイナスに比例し，その比例係数 K は**体積弾性率**と呼ばれる．すなわち

$$p(x) = -K\frac{\Delta V}{V} = -K\frac{\partial u}{\partial x} \tag{4.19}$$

となる．ここで x から $x + \Delta x$ の位置にあった体積に，x の位置に左側からはたらく力は $S \cdot (p_0 + p(x))$，$x + \Delta x$ の位置に右側からはたらく力は $-S \cdot (p_0 + p(x + \Delta x))$ なので，それらを合計すると

$$S \cdot \{(p_0 + p(x)) - (p_0 + p(x + \Delta x))\} \approx -S\frac{\partial p}{\partial x}\Delta x = KV\frac{\partial^2 u}{\partial x^2}$$

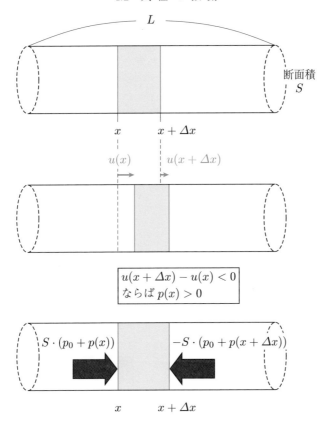

となる. よって運動方程式は

$$\rho V \frac{\partial^2 u}{\partial t^2} = KV \frac{\partial^2 u}{\partial x^2}$$

$$\frac{\partial^2 u}{\partial t^2} = \frac{K}{\rho} \frac{\partial^2 u}{\partial x^2} \tag{4.20}$$

となる. これは 1 次元の波動方程式 (4.5) の形であり, その速さは $v = \sqrt{\frac{K}{\rho}}$ である. また, 両辺に $-K$ をかけて x で偏微分すると式 (4.19) より

$$-K \frac{\partial^3 u}{\partial t^2 \partial x} = -v^2 K \frac{\partial^3 u}{\partial x^3}$$

$$\frac{\partial^2 p}{\partial t^2} = v^2 \frac{\partial^2 p}{\partial x^2} \tag{4.21}$$

と書くこともできる．つまり，変位 u が 1 次元の波動方程式を満たすと同時に，圧力の変化 p も同じ速さを持つ 1 次元の波動方程式を満たす．変位 u の方向は x 方向なので，気柱の振動は縦波である．

● **両端が閉じている場合**　弦の場合と同様に，基準振動について考えてみる．まず，気柱の両端が閉じている場合，両端での気体の変位は起きないことになるので，$u(0) = u(L) = 0$ となる．この境界条件は，弦の振動で解説したケー

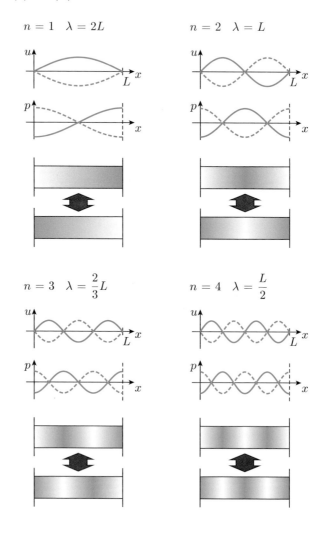

スと同じ固定端なので，$u(x,t)$ は式 (4.17) と同じく

$$u(x,t) = \sum_{n=1}^{\infty} A_n \sin \frac{n\pi x}{L} \sin \left(\frac{n\pi vt}{L} + \phi_n \right) \tag{4.22}$$

となる．また圧力の変化 p は，$p = -K\frac{\partial u}{\partial x}$ なので

$$p(x,t) = -\frac{n\pi K}{L} \sum_{n=1}^{\infty} A_n \cos \frac{n\pi x}{L} \sin \left(\frac{n\pi vt}{L} + \phi_n \right) \tag{4.23}$$

となる．つまり u と p は図の実線と破線の状態を行き来することになる．気体は，圧力が通常より低下した疎の状態と，通常より上昇した密の状態を行き来する．気柱の閉じた両端では疎密の変化が最も大きく，これを腹の位置と呼ぶ．また，気柱の中には気体の圧力が全く変化しない節の位置があり，基準モードによって節の位置は変化する．図には，$n = 1$ から 4 までの圧力の基準モードのイメージが描かれている．変位 u の変化率が正に大きいところが疎，負に大きいところが密となる．弦の場合と同様に基本波が最も振動を起こしやすいが，高調波成分が混ざることで，音色が決まる．

● **両端が開いている場合**　次に，気柱の両端が開いている場合（**自由端**）の振動を考える．この場合，両端では圧力の変化が起きないので，$p(0) = p(L) = 0$ となる．この境界条件を満たすためには，今度は p が正弦関数，u が余弦関数

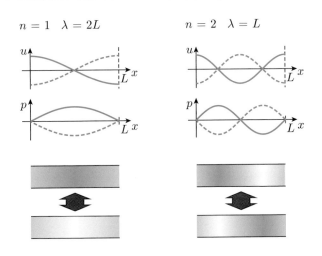

となる．すなわち

$$u(x,t) = \sum_{n=1}^{\infty} A_n \cos \frac{n\pi x}{L} \sin\left(\frac{n\pi vt}{L} + \phi_n\right) \tag{4.24}$$

$$p(x,t) = \frac{n\pi K}{L} \sum_{n=1}^{\infty} A_n \sin \frac{n\pi x}{L} \sin\left(\frac{n\pi vt}{L} + \phi_n\right) \tag{4.25}$$

となる．図は基準モード 2 までのイメージを描いたものである．両端が閉じた
気柱の場合と，腹と節の位置が逆転している．気体の圧力は気柱の両端では必
ず節となり，節の位置は基準モードによって数と位置が変化する．

● **一方の端が閉じていて他方の端が開いている場合**　最後に，気柱の片方の端
が閉じていて，片方の端が開いている場合の振動を考える．この場合，$x = 0$
が固定端，$x = L$ が自由端とすると，境界条件は $u(0) = 0, p(L) = 0$ である．
そのため u が正弦関数，p が余弦関数となるが

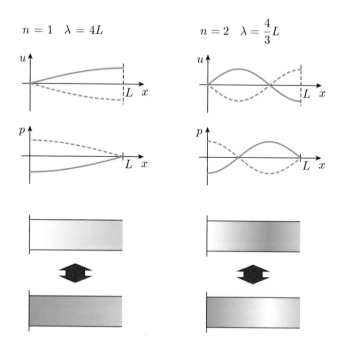

$$u(x,t) = \sum_{n=1}^{\infty} A_n \sin \frac{(2n-1)\pi x}{2L} \sin \left\{ \frac{(2n-1)\pi vt}{2L} + \phi_n \right\} \tag{4.26}$$

$$p(x,t) = -\frac{(2n-1)\pi K}{2L}$$
$$\times \sum_{n=1}^{\infty} A_n \cos \frac{(2n-1)\pi x}{2L} \sin \left\{ \frac{(2n-1)\pi vt}{2L} + \phi_n \right\} \tag{4.27}$$

となる. 両端が閉じている場合や両端が開いている場合と比べると, 許される基準振動の波長が異なることが分かる.

— 例題 4.2 —

　両端が閉じている場合, 開いている場合, 片方のみ開いている場合で, 気柱の振動の基本振動数 f はいくらになるか.

【解答】 両端が閉じている場合と開いている場合は前述の記号を用いて

$$f = \frac{v}{2L} = \frac{1}{2L}\sqrt{\frac{K}{\rho}}$$

片方の端のみが開いている場合は,

$$f = \frac{v}{4L} = \frac{1}{4L}\sqrt{\frac{K}{\rho}} \qquad \qquad \square$$

4.3 フーリエ級数

　弦や気柱の振動を表す波動方程式の解は, 境界条件を満たす, 無限個存在する基準振動の重ね合わせであることが分かった. そしてそれは基本波の正弦関数と, その高調波の正弦関数であった. ある特定の解を求めるためには, 初期条件から係数 A_n や位相差 ϕ_n を求める必要があるが, ここではフーリエ級数というものを紹介し, これにより係数 A_n を求めることができることと, 多くの関数をフーリエ級数によって表すことができることを説明する.

　一般的に, 区間 $-\pi \le x \le \pi$ における関数 $u(x)$ は, 以下の式のように三角関数の無限級数で表すことができ, これを**フーリエ級数展開**という.

フーリエ級数展開

$$u(x) = \sum_{n=1}^{\infty} (A_n \sin nx + B_n \cos nx) + \frac{B_0}{2}$$

$$A_n = \frac{1}{\pi} \int_{-\pi}^{\pi} u(x) \sin nx \, dx \quad (n \geq 1)$$

$$B_n = \frac{1}{\pi} \int_{-\pi}^{\pi} u(x) \cos nx \, dx \quad (n \geq 0)$$

$\frac{B_0}{2}$ は区間における平均値を表す．$n = 1$ のとき，$\sin x$, $\cos x$ は波長が区間の長さ 2π である基本波である．$n \geq 2$ のとき，$\sin nx$, $\cos nx$ は高調波に相当する．

　この級数展開は，基本関数である $\sin nx$, $\cos mx$ の**直交性**によって可能となっている．すなわち，$\sin nx \sin mx$, $\cos nx \cos mx$, $\sin nx \cos mx$ などを $-\pi$ から π まで積分すると，$n = m$ のとき以外は 0 となる特性である．まずは以下に基本関数の直交性を証明する．巻末の付録の三角関数の積和の公式 (A.7) – (A.10) を用いると

$$\int_{-\pi}^{\pi} \sin nx \sin mx \, dx = -\frac{1}{2} \int_{-\pi}^{\pi} \{\cos(n+m)x - \cos(n-m)x\} \, dx$$

となる．ここで右辺第 1 項は，以下のように 0 となる．

$$-\frac{1}{2} \int_{-\pi}^{\pi} \cos(n+m)x \, dx = -\frac{1}{2} \left[\frac{\sin(n+m)x}{n+m} \right]_{-\pi}^{\pi} = 0$$

右辺第 2 項は，$n \neq m$ のとき

$$\frac{1}{2} \int_{-\pi}^{\pi} \cos(n-m)x \, dx = \frac{1}{2} \left[\frac{\sin(n-m)x}{n-m} \right]_{-\pi}^{\pi} = 0$$

のように 0 となり，$n = m$ のときのみ $\cos 0 = 1$ のため

$$\frac{1}{2} \int_{-\pi}^{\pi} \cos(n-m)x \, dx = \frac{1}{2} \int_{-\pi}^{\pi} dx = \frac{2\pi}{2} = \pi$$

より値が π となることが分かった．同様にして

$$\int_{-\pi}^{\pi} \cos nx \cos mx \, dx = \frac{1}{2} \int_{-\pi}^{\pi} \{\cos(n+m)x + \cos(n-m)x\} \, dx$$

となるので，$n \neq m$ のときは 0，$n = m$ のときのみ π である．

また，$\sin nx \cos mx$ を $-\pi$ から π まで積分すると

$$\int_{-\pi}^{\pi} \sin nx \cos mx \, dx = \frac{1}{2} \int_{-\pi}^{\pi} \{\sin(n+m)x + \sin(n-m)x\} \, dx$$

$\sin nx$（$n \neq 0$）は奇関数なので，$-\pi$ から π まで積分すると 0 である．また $n = m$ のときの右辺第 2 項も，$\sin 0 = 0$ より 0 である．同じようにして $\cos nx \sin mx$ の積分結果も 0 である．これで基本関数の直交性が証明できた．

この直交性により，フーリエ級数展開の係数 A_n, B_n が

$$A_m = \frac{1}{\pi} \int_{-\pi}^{\pi} u(x) \sin mx \, dx \quad (m \geq 1) \tag{4.28}$$

$$B_m = \frac{1}{\pi} \int_{-\pi}^{\pi} u(x) \cos mx \, dx \quad (m \geq 0) \tag{4.29}$$

で与えられることが確認できる．式 (4.28) の右辺に $u(x)$ をフーリエ級数展開した形を代入すると

$$\frac{1}{\pi} \int_{-\pi}^{\pi} \left\{ \sum_{n=1}^{\infty} (A_n \sin nx + B_n \cos nx) + \frac{B_0}{2} \right\} \sin mx \, dx = A_m$$

となり，確かに結果は A_m となる．また，式 (4.29) の右辺に $u(x)$ を代入すると，$m \geq 1$ のとき

$$\frac{1}{\pi} \int_{-\pi}^{\pi} \left\{ \sum_{n=1}^{\infty} (A_n \sin nx + B_n \cos nx) + \frac{B_0}{2} \right\} \cos mx \, dx = B_m$$

となる．また，$m = 0$ のとき，左辺の B_0 の項以外は 0 となり，B_0 の項は

$$\frac{1}{\pi} \int_{-\pi}^{\pi} \frac{B_0}{2} \, dx = \frac{1}{\pi} \frac{2\pi B_0}{2} = B_0$$

となる．よって，フーリエ級数の係数 A_n, B_n が先に定義した式で求められることが示された．

ここで $-\pi \leq x \leq \pi$ の範囲で考えると，$\sin nx$ は奇関数，$\cos nx$ は偶関数である．そのため $-\pi \leq x \leq \pi$ の範囲で展開する関数が奇関数の場合は係数 A_n のみが現れ，これを**フーリエ正弦級数**と呼ぶ．偶関数の場合は係数 B_n のみが現れることになり，これを**フーリエ余弦級数**と呼ぶ．また範囲 $-\pi \leq x \leq \pi$ 以

外に関しては，$-\pi \leq x \leq \pi$ の範囲の関数の形が図のように x 方向に無限に連続して周期的に隣り合っているとみなすことができる．

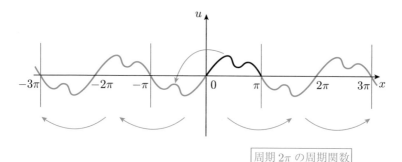

周期 2π の周期関数

　次に，フーリエ級数展開の範囲を $-\pi \leq x \leq \pi$ から $-L \leq x \leq L$ に変更してみる．変数 x を $x' = \frac{Lx}{\pi}$ に変更すると，$-\pi \leq x \leq \pi$ ならば $-L \leq x' \leq L$ となり，$dx = \frac{\pi x'}{L}$ となるので，フーリエ級数展開は

$$u(x) = \sum_{n=1}^{\infty} \left(A_n \sin \frac{n\pi x}{L} + B_n \cos \frac{n\pi x}{L} \right) + \frac{B_0}{2} \tag{4.30}$$

$$A_n = \frac{1}{L} \int_{-L}^{L} u(x) \sin \frac{n\pi x}{L}\, dx \quad (n \geq 1)$$

$$B_n = \frac{1}{L} \int_{-L}^{L} u(x) \cos \frac{n\pi x}{L}\, dx \quad (n \geq 0)$$

と書き直すことができた．

　ここで区間 $0 \leq x \leq L$ に張った弦の形状についてフーリエ級数展開で係数を求める例を示してみよう．弦の振動は

$$u(x,t) = \sum_{n=1}^{\infty} A_n \sin \frac{n\pi x}{L} \sin \left(\frac{n\pi v t}{L} + \phi_n \right) \tag{4.31}$$

で表せる．時刻 $t = 0$ で，つまみ上げた弦を放すことを考えると，$t = 0$ で弦の動く速さは 0 なので，$\frac{\partial u}{\partial t} = 0$ となる．そのため時間的振動部分は $\cos \phi_n = 0$ を満たすので，全ての n に対して $\phi_n = \frac{\pi}{2}$ となる．時刻 $t = 0$ で時間的振動成分は全て 1 なので，$t = 0$ で以下のようになる．

$$u(x,0) = \sum_{n=1}^{\infty} A_n \sin \frac{n\pi x}{L} \tag{4.32}$$

これは区間 $-L \leq x \leq L$ のフーリエ級数展開の正弦関数部分と全く同じである．つまり弦の形を x-u 平面で原点を中心に 180 度回転させ，$-L \leq x \leq L$ の範囲で弦の形が奇関数であるとみなした場合に等しい．よって $t = 0$ のときの弦の形が分かっていれば，フーリエ級数展開によって係数 A_n を求めることができる．また，u も正弦関数も奇関数なので，係数 A_n を求める式の右辺は，$0 \leq x \leq L$ の範囲のみを計算して 2 倍した値と変わらない．つまり

$$A_n = \frac{2}{L} \int_0^L u(x) \sin \frac{n\pi x}{L} \, dx \tag{4.33}$$

となる．

ここで図のように弦の中心 $\left(x = \frac{L}{2} \right)$ を u_0 までつまみあげたとする．すると弦の形状を表す関数は

$$u(x) = \begin{cases} \dfrac{2u_0}{L} x & \left(0 \leq x \leq \dfrac{L}{2} \right) \\[2mm] \dfrac{2u_0}{L}(L - x) & \left(\dfrac{L}{2} \leq x \leq L \right) \end{cases} \tag{4.34}$$

となる．係数 A_n を計算すると，以下のようになる．

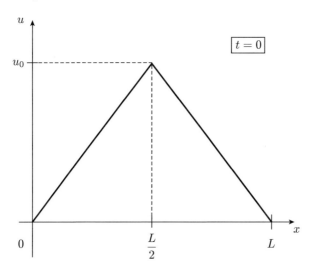

$$A_n = \frac{2}{L} \left(\int_0^{\frac{L}{2}} \frac{2u_0}{L} x \sin \frac{n\pi x}{L} \, dx + \int_{\frac{L}{2}}^L \frac{2u_0}{L} (L-x) \sin \frac{n\pi x}{L} \, dx \right)$$

$$= \frac{4u_0}{L^2} \left(\int_0^{\frac{L}{2}} x \sin \frac{n\pi x}{L} \, dx + \int_{\frac{L}{2}}^L (L-x) \sin \frac{n\pi x}{L} \, dx \right) \tag{4.35}$$

ここで式 (4.35) の右辺第 2 項は $x' = L - x$ と変数変換すると

$$\int_{\frac{L}{2}}^L (L-x) \sin \frac{n\pi x}{L} \, dx = -\int_{\frac{L}{2}}^0 x' \sin \left(n\pi - \frac{n\pi x'}{L} \right) dx'$$

$$= \int_0^{\frac{L}{2}} x \sin \left(n\pi - \frac{n\pi x}{L} \right) dx$$

$$= \begin{cases} \displaystyle \int_0^{\frac{L}{2}} x \sin \frac{n\pi x}{L} \, dx & (n : \text{奇数}) \\ \displaystyle -\int_0^{\frac{L}{2}} x \sin \frac{n\pi x}{L} \, dx & (n : \text{偶数}) \end{cases}$$

となるので, n が偶数のとき式 (4.35) の右辺第 1 項は第 2 項と打ち消し合って $A_n = 0$ となる. n が奇数のときは右辺第 1 項と第 2 項が等しくなるので, 部分積分を用いて

─── 部分積分 ───

$$\int_a^b f(x)g'(x) \, dx = \Big[f(x)g(x) \Big]_a^b - \int_a^b f'(x)g(x) \, dx$$

$$A_n = \frac{8u_0}{L^2} \int_0^{\frac{L}{2}} x \sin \frac{n\pi x}{L} \, dx$$

$$= \frac{8u_0}{L^2} \left(\left[-\frac{Lx}{n\pi} \cos \frac{n\pi x}{L} \right]_0^{\frac{L}{2}} + \int_0^{\frac{L}{2}} \frac{L}{n\pi} \cos \frac{n\pi x}{L} \, dx \right)$$

$$= \frac{8u_0}{L^2} \left(-\frac{L^2}{2n\pi} \cos \frac{n\pi}{2} + \frac{L^2}{n^2\pi^2} \sin \frac{n\pi}{2} \right) \tag{4.36}$$

ここで n は奇数なので, 右辺の第 1 項は 0 となり, 第 2 項のみが残る. よって

$$A_n = \begin{cases} \displaystyle \frac{8u_0}{n^2\pi^2} & (n = 1, 5, 9, \dots) \\ \displaystyle -\frac{8u_0}{n^2\pi^2} & (n = 3, 7, 11, \dots) \end{cases} \tag{4.37}$$

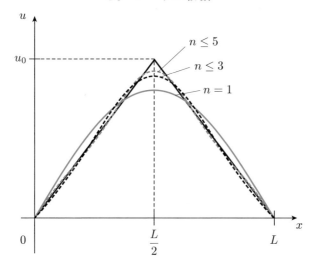

と求められた．図にフーリエ級数展開の結果を示す．$n = 1$ の項のみの場合に比べ，$n \leq 3, n \leq 5$ と項を増やしていくと，元の関数により近づいていくのが分かる．

　以上の計算により，弦の初期の形状がフーリエ級数によって表され，振動の時間発展も求めることができるようになった．ただし実際には弦の振動には減衰があり，各基準振動によって減衰に違いがある．そのために楽器には特有の音色が現れることになる．

例題 4.3

　$-1 \leq x \leq 1$ の範囲で定義されている関数 $u(x) = x$ をフーリエ級数展開せよ．

【解答】 $u(x) = x$ は奇関数なのでフーリエ正弦級数展開となり，式 (4.30) にて $L = 1$ より

$$u(x) = \sum_{n=1}^{\infty} A_n \sin n\pi x$$

と表すことができる．係数 A_n は部分積分を用いて

$$A_n = \int_{-1}^{1} u(x) \sin n\pi x \, dx$$

$$= \int_{-1}^{1} x \sin n\pi x \, dx$$

$$= \left[-\frac{x}{n\pi} \cos n\pi x \right]_{-1}^{1} + \frac{1}{n\pi} \int_{-1}^{1} \cos n\pi x \, dx$$

$$= \begin{cases} \dfrac{2}{n\pi} & (n \text{ が奇数}) \\[2mm] -\dfrac{2}{n\pi} & (n \text{ が偶数}) \end{cases}$$

したがって，$u(x) = x$ は次のようにフーリエ級数展開される．

$$u(x) = \frac{2}{\pi} \left(\sin \pi x - \frac{1}{2} \sin 2\pi x + \frac{1}{3} \sin 3\pi x - \cdots \right)$$

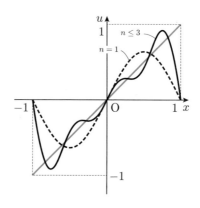

□

4.4　複素フーリエ級数

最後に，フーリエ級数展開の正弦関数・余弦関数を指数関数で表す，**複素フーリエ級数展開**を紹介する．オイラーの公式より $\sin x, \cos x$ はそれぞれ

$$\sin x = \frac{e^{ix} - e^{-ix}}{2i} \tag{4.38}$$

$$\cos x = \frac{e^{ix} + e^{-ix}}{2} \tag{4.39}$$

と表せるので，これをフーリエ級数展開の式

$$u(x) = \sum_{n=1}^{\infty} (A_n \sin nx + B_n \cos nx) + \frac{B_0}{2} \tag{4.40}$$

に代入すると

$$u(x) = \sum_{n=1}^{\infty} \left(A_n \frac{e^{inx} - e^{-inx}}{2i} + B_n \frac{e^{inx} + e^{-inx}}{2} \right) + \frac{B_0}{2}$$

$$= \sum_{n=1}^{\infty} \left(\frac{B_n - iA_n}{2} e^{inx} + \frac{B_n + iA_n}{2} e^{-inx} \right) + \frac{B_0}{2}$$

となる．ここで複素数 C_n を次のように定義する．

$$C_n = \begin{cases} \dfrac{B_n - iA_n}{2} & (n > 0) \\[2mm] \dfrac{B_{-n} + iA_{-n}}{2} & (n < 0) \\[2mm] \dfrac{B_0}{2} & (n = 0) \end{cases}$$

このとき $u(x)$ は複素フーリエ級数展開によって，以下のように表すことができる．

$$u(x) = \sum_{n=-\infty}^{\infty} C_n e^{inx} \tag{4.41}$$

$$C_n = \frac{1}{2\pi} \int_{-\pi}^{\pi} u(x) e^{-inx} \, dx$$

── 例題 4.4 ──

複素フーリエ級数の係数 C_n を求める式が上式 (4.41) となることを示せ．

【解答】 フーリエ級数の係数 A_n, B_n を求める式は，以下の 2 式である．

$$A_n = \frac{1}{\pi} \int_{-\pi}^{\pi} u(x) \sin nx \, dx \quad (n \geq 1)$$

$$B_n = \frac{1}{\pi} \int_{-\pi}^{\pi} u(x) \cos nx \, dx \quad (n \geq 0)$$

$n > 0$ のとき

$$C_n = \frac{B_n - iA_n}{2}$$

$$= \frac{1}{2\pi} \int_{-\pi}^{\pi} u(x)(\cos nx - i\sin nx)\,dx$$

$$= \frac{1}{2\pi} \int_{-\pi}^{\pi} u(x)\,e^{-inx}\,dx$$

$n < 0$ のとき

$$C_n = \frac{B_{-n} + iA_{-n}}{2}$$

$$= \frac{1}{2\pi} \int_{-\pi}^{\pi} u(x)\{\cos(-nx) + i\sin(-nx)\}\,dx$$

$$= \frac{1}{2\pi} \int_{-\pi}^{\pi} u(x)(\cos nx - i\sin nx)\,dx = \frac{1}{2\pi} \int_{-\pi}^{\pi} u(x)\,e^{-inx}\,dx$$

$n = 0$ のとき

$$C_0 = \frac{B_0}{2} = \frac{1}{2\pi} \int_{-\pi}^{\pi} u(x)\,dx$$

$$= \frac{1}{2\pi} \int_{-\pi}^{\pi} u(x)\,e^{-i0x}\,dx$$

で確かに正しい. ☐

　また，複素フーリエ級数展開の範囲を $-\pi \leq x \leq \pi$ から $-L \leq x \leq L$ に変更した場合

$$u(x) = \sum_{n=-\infty}^{\infty} C_n\,e^{\frac{in\pi x}{L}} \tag{4.42}$$

$$C_n = \frac{1}{2L} \int_{-L}^{L} u(x)\,e^{-\frac{in\pi x}{L}}\,dx$$

となる.

● **1 次元の波動方程式 (弦または気柱の長さ L)**

$$\frac{\partial^2 u}{\partial t^2} = v^2 \frac{\partial^2 u}{\partial x^2}$$

$x = 0, L$ が固定端のときの変位 $u(x, t)$

$$u(x, t) = \sum_{n=1}^{\infty} A_n \sin \frac{n\pi x}{L} \sin \left(\frac{n\pi vt}{L} + \phi_n \right)$$

$x = 0, L$ が自由端のときの変位 $u(x, t)$

$$u(x, t) = \sum_{n=1}^{\infty} A_n \cos \frac{n\pi x}{L} \sin \left(\frac{n\pi vt}{L} + \phi_n \right)$$

$x = 0$ が固定端，$x = L$ が自由端のときの変位 $u(x, t)$

$$u(x, t) = \sum_{n=1}^{\infty} A_n \sin \frac{(2n-1)\pi x}{2L} \sin \left\{ \frac{(2n-1)\pi vt}{2L} + \phi_n \right\}$$

（A_n, ϕ_n は定数）

演 習 問 題

演習 4.1　バイオリンの弦の長さが $0.33\,\mathrm{m}$, 線密度が $7.0 \times 10^{-4}\,\mathrm{kg/m}$ のとき, 弦に何 N の張力を加えればラの音（$440\,\mathrm{Hz}$）となるか. 有効数字 2 桁で求めよ.

演習 4.2　片方の端が閉じている長さ $0.20\,\mathrm{m}$ の気柱を鳴らしたとき, 音の振動数はいくらになるか. 空気の密度を $1.2\,\mathrm{kg/m^3}$, 体積弾性率を $1.4 \times 10^5\,\mathrm{Pa}$（$= \mathrm{N/m^2}$）として, 有効数字 2 桁で求めよ.

演習 4.3　$-1 \leq x \leq 1$ の範囲で定義されている関数 $u(x) = x^2$ をフーリエ級数展開せよ.

演習 4.4　式 (4.41) で表される複素フーリエ級数展開においても, 基本関数である e^{inx} の直交性, すなわち以下の関係が成り立つことを示せ.

$$\int_{-\pi}^{\pi} e^{inx} e^{-imx}\,dx = \begin{cases} 2\pi & (n = m) \\ 0 & (n \neq m) \end{cases}$$

（複素関数の直交性は, 複素ベクトルの内積を利用するので, 片方を複素共役にして計算する.）

演習 4.5　$-1 \leq x \leq 1$ の範囲で定義されている関数 $u(x) = x$ を複素フーリエ級数展開せよ. また, 結果が例題 4.3 の解答と一致することを示せ.

第5章

1次元の波動

　前章では，弦や気柱で起きる基準振動を考え，楽器の音色が決まる仕組みを学んだ．だが実際には我々は弦や気柱の振動そのものではなく，それが空気を音波として伝わってくる波動を聴き取っている．音波は空気中だけでなく，物質中や水中も伝わることができる．また地震波は地殻中を伝わる波動である．波動のふるまいを表す方程式は，前章と同じ波動方程式であり，無限遠方までの伝播や，境界面での反射などを考えればよい．

弾性体中の波動

　弦や気柱の振動を例に考えたように，x 方向に伝播する 1 次元の波動方程式は，変位を u，伝播速度を v とすると

$$\frac{\partial^2 u}{\partial t^2} = v^2 \frac{\partial^2 u}{\partial x^2} \tag{5.1}$$

となることが分かった．前章で述べたように，本書では全ての波動の基本となり，解の重ね合わせの原理が成り立つ線形波動方程式のみを扱う．

　前章では，弦や気柱の振動を考えたが，ここではもう一例，弾性体中の波動について考えてみる．地震波は地殻という弾性体の中を伝わる波動である．地震波には，震源からより速く伝わる P 波と，P 波よりも揺れの大きい S 波が存在することが知られている．P 波は音波のように，弾性体がひずんで圧縮された状態が伝播していく縦波である．一方，S 波は弦の振動のように，波動の進行方向と垂直にひずんだ状態が弾性体を伝播していく横波である．

　まずは縦波の弾性波について考える．弾性体の密度を ρ，ヤング率を E とす

P 波（縦波）

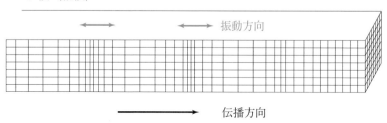

S 波（横波）

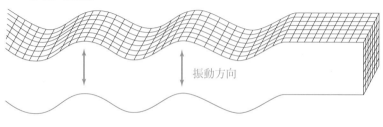

る．**ヤング率**とは弾性体に外力を加えた場合の，応力とひずみの比で，物質の種類によって値が決まっている．応力は弾性体内に発生している単位面積当たりの力で，ひずみは元々の長さに対する長さの変化である．断面積 S，長さ ℓ でヤング率が E の弾性体に，外力 F を加えたところ，長さが u 変化したとする．ヤング率は「応力 $\frac{F}{S}$」/「ひずみ $\frac{u}{\ell}$」なので

$$E = \frac{F/S}{u/\ell}$$

$$F = \frac{ES}{\ell}u$$

となる．第1章で出てきたフックの法則と比較すると，ばね定数 k は，$k = \frac{ES}{\ell}$ で表せることが分かる．

　縦波の弾性波は，気柱の振動のときと同じように考えることができる．振動がないときに x の位置にあった弾性体が，振動によって x 方向に $u(x)$ だけ変位したとする．すると x から $x + \Delta x$ の位置にあった長さ Δx の弾性体は振動によって長さが変化し，そのひずみは

$$\frac{u(x + \Delta x) - u(x)}{\Delta x} \approx \frac{\partial u}{\partial x} \tag{5.2}$$

となる．応力は「ヤング率」×「ひずみ」なので

$$\frac{F(x)}{S} = E\frac{\partial u}{\partial x}, \quad F(x) = ES\frac{\partial u}{\partial x} \tag{5.3}$$

である．力 $F(x)$ は，ひずみが正ならば図のような向きになる．気柱の場合と同様に x から $x + \Delta x$ の部分の弾性体の運動方程式を考えると，質量は $\rho S \Delta x$ である．応力は x の位置では左向き，$x + \Delta x$ の位置では右向きにはたらくので

$$\rho S \Delta x \frac{\partial^2 u}{\partial t^2} = F(x + \Delta x) - F(x) \approx \frac{\partial F}{\partial x}\Delta x$$

$$= ES\frac{\partial^2 u}{\partial x^2}\Delta x \tag{5.4}$$

したがって，波動方程式は

$$\frac{\partial^2 u}{\partial t^2} = \frac{E}{\rho}\frac{\partial^2 u}{\partial x^2} \tag{5.5}$$

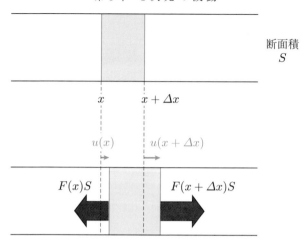

となる．伝播速度 v は，$v = \sqrt{\frac{E}{\rho}}$ となり，気柱の場合 $\left(v = \sqrt{\frac{K}{\rho}}\right)$ と形が非常によく似ている．

横波の弾性波

　横波の弾性波については詳しい解説は省くが，波動方程式は弾性体のせん断による変形のしにくさを表す剛性率 G を用いて

$$\frac{\partial^2 u}{\partial t^2} = \frac{G}{\rho}\frac{\partial^2 u}{\partial x^2}$$

と表すことができ，伝播速度 v は，$v = \sqrt{\frac{G}{\rho}}$ となる．剛性率 G はヤング率 E より小さいため，地震波の P 波の方が S 波より速く伝わることになる．

5.2　ダランベールの解

　前章では，波動方程式を変数分離法によって解いたが，波動方程式の解法はこの他にも存在する．ここでは代表的な解である，**ダランベールの解**を紹介する．新しい 2 つの変数 ξ, η を

$$\xi = x - vt \tag{5.6}$$

$$\eta = x + vt \tag{5.7}$$

のように導入すると

$$\frac{\partial}{\partial x} = \frac{\partial \xi}{\partial x}\frac{\partial}{\partial \xi} + \frac{\partial \eta}{\partial x}\frac{\partial}{\partial \eta} = \frac{\partial}{\partial \xi} + \frac{\partial}{\partial \eta}$$

$$\frac{\partial}{\partial t} = \frac{\partial \xi}{\partial t}\frac{\partial}{\partial \xi} + \frac{\partial \eta}{\partial t}\frac{\partial}{\partial \eta} = -v\frac{\partial}{\partial \xi} + v\frac{\partial}{\partial \eta}$$

と計算できるので，波動方程式 (5.1) を ξ, η の偏微分で表すと

$$v^2\left(\frac{\partial^2 u}{\partial \xi^2} - \frac{\partial^2 u}{\partial \xi \partial \eta} + \frac{\partial^2 u}{\partial \eta^2}\right) = v^2\left(\frac{\partial^2 u}{\partial \xi^2} + \frac{\partial^2 u}{\partial \xi \partial \eta} + \frac{\partial^2 u}{\partial \eta^2}\right)$$

$$\frac{\partial^2 u}{\partial \xi \partial \eta} = 0 \tag{5.8}$$

となる．この微分方程式の解はダランベールの解と呼ばれ，以下のように表せる．

$$u(\xi, \eta) = f(\xi) + g(\eta) \tag{5.9}$$

つまり，ξ の関数，もしくは η の関数であれば，なんでも波動方程式 (5.8) を満たすことになる．

例題 5.1

ダランベールの解が波動方程式 $\frac{\partial^2 u}{\partial \xi \partial \eta} = 0$ を満たすことを示せ．

【解答】

$$\frac{\partial^2 u}{\partial \xi \partial \eta} = \frac{\partial^2}{\partial \xi \partial \eta}(f(\xi) + g(\eta)) = \frac{\partial}{\partial \xi}g'(\eta) = 0$$

よって示された．先に ξ から偏微分しても同じである． □

ダランベールの解 (5.9) を元の x, t で表すと

$$u(x, t) = f(x - vt) + g(x + vt) \tag{5.10}$$

となる．ここで，$f(x - vt)$ を**進行波**，$g(x + vt)$ を**後退波**と呼ぶ．進行波は図のように，時刻 0 のとき $f(x)$ だった波形が，時刻 t では $f(x - vt)$ となり，波形が x 方向に vt 進んだことになる．例えば時刻 0 で $x = 0$ の位置では変位が $f(0)$ となるが，時刻 t で同じく変位が $f(0)$ となる場所は，$x = vt$ の位置となる．同じようにして後退波は，時刻 0 で $g(x)$ だった波形が，時刻 t では

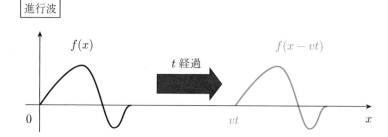

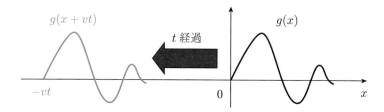

$g(x + vt)$ となり，波形が x 方向に vt 後退したことになる．

　ここで波動方程式を境界条件のもとに解いた，弦の振動についてもう一度考えてみる．長さ L の弦の振動は，式 (4.17) のように基準モードが n（$n = 1, 2, 3, \ldots, \infty$）の重ね合わせで表すことができる．

$$k = \frac{n\pi}{L}, \quad \omega = vk = \frac{n\pi v}{L}$$

とすると，基準モードが n の式は巻末付録の三角関数の積和の公式 (A.10) を用いると

$$u(x, t) = A_n \sin kx \sin(\omega t + \phi_n)$$
$$= -\frac{1}{2} \{A_n \cos(kx + \omega t + \phi_n) + A_n \cos(kx - \omega t - \phi_n)\}$$

（第 1 項と第 2 項を入れ替えて）

$$= \frac{A_n}{2} \cos \{k(x - vt) - \phi_n\} - \frac{A_n}{2} \cos \{k(x + vt) + \phi_n\} \quad (5.11)$$

と変形できる．よって，弦の振動の一般解もダランベールの解の形で書き表せ

ることが分かった．つまり，図のように振幅が同じで波数・角振動数も同じ進行波と後退波を重ね合わせると，どちらの方向にも進まず，腹の位置で大きく変位し，節の位置で変位が常に 0 となる振動となる．これを**定在波**と呼ぶ．

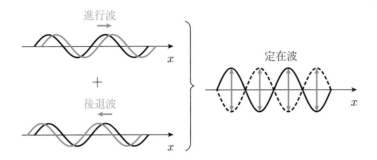

例題 5.2

同じ振幅で同じ波数・振動数の正弦波である進行波と後退波を重ねると，定在波となることを示せ．

【解答】　2 つの正弦波を

$$A \sin(kx - \omega t + \phi_1), \quad A \sin(kx + \omega t + \phi_2)$$

とすると，2 つの重ね合わせは巻末付録の三角関数の和積の公式 (A.11) を用いると

$$A \sin(kx - \omega t + \phi_1) + A \sin(kx + \omega t + \phi_2)$$
$$= 2A \sin\left(kx + \frac{\phi_1 + \phi_2}{2}\right) \cos\left(\omega t + \frac{\phi_2 - \phi_1}{2}\right)$$

よって定在波となることが示された．

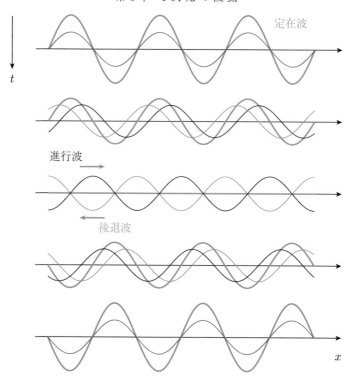

5.3 波 の 反 射

　弦や気柱の振動はなぜ定在波になるのか．それは，終端で常に波の反射が起き，入射波に対して反射波は進行方向が逆向きのため，進行波と後退波が重なり合わさった状態となるから，とも説明できる．ここでは，弦の例で考えた固定端と，気柱の例で考えた自由端の 2 つの終端で起きる，波の反射について考える．

　まず固定端での反射について考える．$x < 0$ の領域から $f(x - vt)$ の進行波がやってきて，図のように $x = 0$ の固定端で反射して，後退波 $g(x + vt)$ になったとする．変位 $u(x, t)$ は

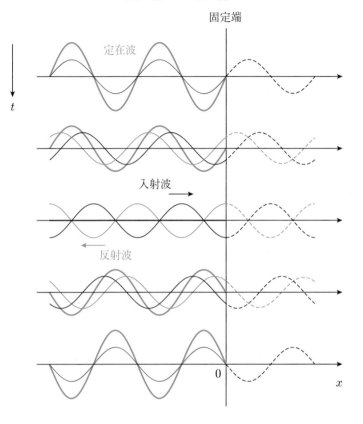

$$u(x, t) = f(x - vt) + g(x + vt) \tag{5.12}$$

である. $x = 0$ は固定端なので, その位置での変位 $u(0, t)$ は常に 0 である. よって式 (5.12) に $x = 0$ を代入すると 0 になるので

$$u(0, t) = f(-vt) + g(vt) = 0$$
$$g(vt) = -f(-vt) \tag{5.13}$$

となる. 最後の式の vt の代わりに $x + vt$ を入れても成り立つはずなので

$$g(x + vt) = -f(-x - vt) \tag{5.14}$$

となる. したがって, 変位 $u(x, t)$ は

$$u(x,t) = f(x - vt) - f(-x - vt) \tag{5.15}$$

と書き直すことができると分かった.

　また同様にして考えると,固定端が $x = L$ の場合は,式 (5.12) に $x = L$ を代入すると 0 になることから

$$u(L,t) = f(L - vt) + g(L + vt) = 0$$
$$g(L + vt) = -f(L - vt) \tag{5.16}$$

となる.ここで $x' = L + vt$ とおくと,$L - vt = 2L - x'$ となるので

$$g(x') = -f(2L - x') \tag{5.17}$$

となる.これに $x' = x + vt$ を代入して式 (5.12) を整理すると

$$u(x,t) = f(x - vt) - f(2L - x - vt) \tag{5.18}$$

が $x = L$ に固定端がある場合の入射波と反射波の式となる.

例題 5.3

　$0 \le x \le L$ の弦の基準モード n の式

$$u(x,t) = A_n \sin kx \sin(\omega t + \phi_n)$$
$$= \frac{A_n}{2} \cos\{k(x - vt) - \phi_n\} - \frac{A_n}{2} \cos\{k(x + vt) + \phi_n\}$$

が,$x = 0$ と $x = L$ に固定端がある場合の変位の式の形

$$u(x,t) = f(x - vt) - f(-x - vt)$$
$$u(x,t) = f(x - vt) - f(2L - x - vt)$$

のどちらも満たすことを示せ.

【解答】

$$f(\xi) = \frac{A_n}{2} \cos(k\xi - \phi_n)$$

とすると

$$f(x - vt) = \frac{A_n}{2} \cos\{k(x - vt) - \phi_n\}$$

$$f(-x - vt) = \frac{A_n}{2} \cos\{k(-x - vt) - \phi_n\}$$
$$= \frac{A_n}{2} \cos\{k(x + vt) + \phi_n\}$$

よって，$x = 0$ に固定端がある場合の式の形を満たすことを示せた．また

$$f(2L - x - vt) = \frac{A_n}{2} \cos\{k(2L - x - vt) - \phi_n\}$$
$$= \frac{A_n}{2} \cos\{2n\pi - k(x + vt) - \phi_n\}$$
$$= \frac{A_n}{2} \cos\{k(x + vt) + \phi_n\}$$

よって，$x = L$ に固定端がある場合の式の形を満たすことを示せた．　　　□

　次に，自由端での反射について考える．自由端では，端が開いている気柱の例で説明したように，$\frac{\partial u}{\partial x} = 0$ となる．図のように $x < 0$ の領域から $f(x - vt)$ の進行波がやってきて，$x = 0$ の自由端で反射して，後退波 $g(x + vt)$ になったとする．変位 $u(x, t)$ と $\frac{\partial u}{\partial x} = 0$ は

$$u(x, t) = f(x - vt) + g(x + vt) \tag{5.19}$$
$$\frac{\partial u}{\partial x} = f'(x - vt) + g'(x + vt) \tag{5.20}$$

である．$x = 0$ の位置で $\frac{\partial u}{\partial x} = 0$ なので，以下のようになる．

$$f'(-vt) + g'(vt) = 0$$
$$g'(vt) = -f'(-vt) \tag{5.21}$$

最後の式の vt の代わりに $x + vt$ を入れても成り立つはずなので

$$g'(x + vt) = -f'(-x - vt) \tag{5.22}$$

となる．したがって，$\frac{\partial u}{\partial x}$ は

$$\frac{\partial u}{\partial x} = f'(x - vt) - f'(-x - vt) \tag{5.23}$$

となる．これを x で積分すると

$$u(x, t) = f(x - vt) + f(-x - vt) + C \tag{5.24}$$

となるが，積分定数 C は振動をしない成分なので，f の定義に含めてしまうことで省略できる．よって自由端 $x = 0$ がある場合，変位 $u(x,t)$ は

$$u(x,t) = f(x - vt) + f(-x - vt) \qquad (5.25)$$

となる．また同様にして考えると，自由端が $x = L$ の場合は

$$u(x,t) = f(x - vt) + f(2L - x - vt) \qquad (5.26)$$

が変位 $u(x,t)$ が満たす式である．

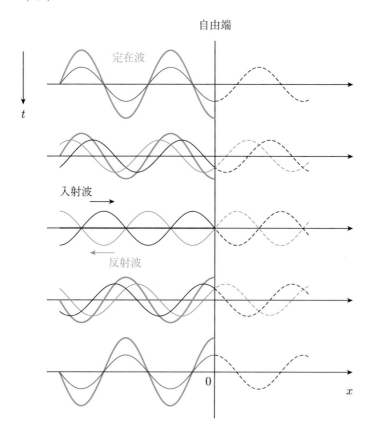

例題 5.4

両端が開いている，長さ L の気柱の基準モード n の式

$$u(x,t) = A_n \cos kx \sin(\omega t + \phi_n)$$

（ただし $k = \frac{n\pi}{L}, \omega = vk$）が，$x = 0$ と $x = L$ に自由端がある場合の変位の式の形

$$u(x,t) = f(x - vt) + f(-x - vt)$$
$$u(x,t) = f(x - vt) + f(2L - x - vt)$$

のどちらも満たすことを示せ.

【解答】 巻末付録の三角関数の積和の公式 (A.10) より

$$u(x,t) = -\frac{A_n}{2} \sin\{k(x - vt) - \phi_n\} + \frac{A_n}{2} \sin\{k(x + vt) + \phi_n\}$$

$$f(\xi) = -\frac{A_n}{2} \sin(k\xi - \phi_n)$$

とすると

$$f(x - vt) = -\frac{A_n}{2} \sin\{k(x - vt) - \phi_n\}$$

$$f(-x - vt) = -\frac{A_n}{2} \sin\{k(-x - vt) - \phi_n\}$$
$$= \frac{A_n}{2} \sin\{k(x + vt) + \phi_n\}$$

$$f(2L - x - vt) = -\frac{A_n}{2} \sin\{k(2L - x - vt) - \phi_n\}$$
$$= -\frac{A_n}{2} \sin\{2n\pi - k(x + vt) - \phi_n\}$$
$$= \frac{A_n}{2} \sin\{k(x + vt) + \phi_n\}$$

よって，$x = 0, L$ に自由端がある場合の式の形を満たすことを示せた. $\qquad\square$

5.4 フーリエ変換

　前章 4.3 節のフーリエ級数では，ある区間における波形を，その区間長を 1 波長とする基本波と，その高調波の重ね合わせによって表現した．区間 $-L \leq x \leq L$ における複素フーリエ級数展開は，式 (4.42) のように以下のように表すことができた．

$$u(x) = \sum_{n=-\infty}^{\infty} C_n \, e^{\frac{in\pi x}{L}} \tag{5.27}$$

$$C_n = \frac{1}{2L} \int_{-L}^{L} u(x) \, e^{-\frac{in\pi x}{L}} \, dx \tag{5.28}$$

式 (5.28) を式 (5.27) に代入すると，以下のようになる．

$$u(x) = \sum_{n=-\infty}^{\infty} \frac{1}{2L} \int_{-L}^{L} u(x') \, e^{-\frac{in\pi x'}{L}} \, dx' \, e^{\frac{in\pi x}{L}}$$

$$= \frac{1}{2\pi} \sum_{n=-\infty}^{\infty} \int_{-L}^{L} u(x') \, e^{-\frac{in\pi x'}{L}} \, dx' \, e^{\frac{in\pi x}{L}} \frac{\pi}{L}$$

ここで各基準モードの波数 k は $k = \frac{n\pi}{L}$ となり，隣り合う波数の差は $\Delta k = \frac{\pi}{L}$ となる．これを用いて

$$u(x) = \frac{1}{2\pi} \sum_{n=-\infty}^{\infty} \int_{-L}^{L} u(x') \, e^{-ikx'} \, dx' \, e^{ikx} \Delta k$$

と書き直せる．ここで $L \to \infty$ とすると，有限な区間の関数に限らず，無限遠まで広がるほぼ全ての関数がフーリエ変換により波数 k の関数として表すことができるようになる．k は離散的な数値から連続数に変わり，$\Delta k \to dk$ となる．すると n が $-\infty$ から ∞ までの重ね合わせは積分で表すことができ

$$u(x) = \frac{1}{2\pi} \int_{-\infty}^{\infty} \left[\int_{-\infty}^{\infty} u(x') \, e^{-ikx'} \, dx' \right] e^{ikx} \, dk \tag{5.29}$$

となる．ここで，青色部分は k の関数なので $U(k)$ と表すことにし，$u(x) \to U(k)$ の変換を**フーリエ変換**，$U(k) \to u(x)$ の変換を**フーリエ逆変換**と呼ぶ．まとめると，フーリエ変換・逆変換は以下のように表される．

$$\text{フーリエ変換:} \quad U(k) = \int_{-\infty}^{\infty} u(x)\, e^{-ikx}\, dx$$

$$\text{フーリエ逆変換:} \quad u(x) = \frac{1}{2\pi} \int_{-\infty}^{\infty} U(k)\, e^{ikx}\, dk$$

(5.30)

x の関数 $u(x)$ は実空間での波動の変位を表すが，これを波数空間で表現したものが $U(k)$ と言える．$U(k)$ はフーリエ逆変換によって $u(x)$ に戻るので，どちらの関数も本質的には同じ波動を表現していることになる．

── 例題 5.5 ──────────────────

以下で定義される関数 $u(x)$ のフーリエ変換 $U(k)$ を求めよ．ただし $a > 0$ である．

$$u(x) = \begin{cases} \dfrac{a}{2} & (-a \leq x \leq a) \\ 0 & (x < -a,\ a < x) \end{cases}$$

【解答】

$$\begin{aligned}
U(k) &= \int_{-\infty}^{\infty} u(x)\, e^{-ikx}\, dx \\
&= \int_{-a}^{a} \frac{a}{2}\, e^{-ikx}\, dx \\
&= -\frac{a}{2ik}\left(e^{-iak} - e^{iak}\right) \\
&= \frac{a \sin ak}{k}
\end{aligned}$$

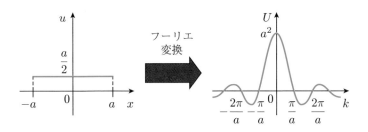

□

また，フーリエ変換は時間 t の関数に対しても行うことができ，その結果は角振動数 ω の関数になる．この場合，フーリエ変換・逆変換は以下のとおりである．

$$\text{フーリエ変換}: \quad U(\omega) = \int_{-\infty}^{\infty} u(t)\, e^{-i\omega t}\, dt$$
$$\text{フーリエ逆変換}: \quad u(t) = \frac{1}{2\pi} \int_{-\infty}^{\infty} U(\omega)\, e^{i\omega t}\, d\omega \tag{5.31}$$

角振動数 ω と振動数 f の間には $\omega = 2\pi f$ の関係があるので，時間 t から振動数 f へのフーリエ変換を用いることもある．この場合は，フーリエ逆変換の係数 $\frac{1}{2\pi}$ がなくなりすっきりするが，e の肩に 2π も乗ることになる．

$$\text{フーリエ変換}: \quad U(f) = \int_{-\infty}^{\infty} u(t)\, e^{-2\pi i f t}\, dt$$
$$\text{フーリエ逆変換}: \quad u(t) = \int_{-\infty}^{\infty} U(f)\, e^{2\pi i f t}\, df \tag{5.32}$$

時系列データをサンプリングして，フーリエ変換によって振動数解析をすることは，どの分野でもとてもよく行われている．例えばピアノやリコーダーから発せられた音波は，図のような波形となる．

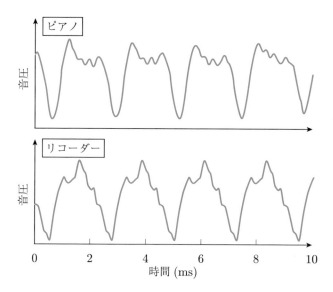

これを振動数解析すると，基本波や高調波成分が観測されることになる．楽譜というものは，音楽を振動数解析をし，基本波のみをプロットしたものと言えるかもしれない．

5.5 波　　束

波が空間のある限られた領域に局在しているとき，これを**波束**と呼ぶ．波束は波動方程式に従って時間とともに空間を伝播していくので，波束によって離れた地点に情報を送ることができる．情報を受け取る側は，波の振幅や振動数などが変化したことを検知することではじめて情報を受け取るので，振幅や振動数が不変のまま送られ続ける波には何の情報もないことになる．

ここでは，フーリエ逆変換によって波束の一例を作り出してみる．以下の式で表されるように，波数空間の限られた領域のみに $U(k)$ の値があるとする．

$$U(k) = \begin{cases} 1 & (k_1 \le k \le k_2) \\ 0 & (k < k_1,\ k_2 < k) \end{cases} \tag{5.33}$$

これをフーリエ逆変換すると

$$
\begin{aligned}
u(x) &= \frac{1}{2\pi} \int_{-\infty}^{\infty} U(k)\, e^{ikx}\, dk \\
&= \frac{1}{2\pi} \int_{k_1}^{k_2} e^{ikx}\, dx \\
&= \frac{e^{ik_2 x} - e^{ik_1 x}}{2\pi i x}
\end{aligned} \tag{5.34}
$$

という結果になる．ここで

$$\overline{k} = \frac{k_1 + k_2}{2} \tag{5.35}$$

$$k_1 = \overline{k} - \Delta k \tag{5.36}$$

$$k_2 = \overline{k} + \Delta k \tag{5.37}$$

と定義すると $\Delta k \ll \overline{k}$ となり，$u(x)$ は以下のように書き直せる．

$$u(x) = \frac{e^{i(\overline{k}+\Delta k)x} - e^{i(\overline{k}-\Delta k)x}}{2\pi i x}$$

$$= \frac{e^{i\overline{k}x}}{\pi x} \frac{e^{i\Delta kx} - e^{-i\Delta kx}}{2i}$$

$$= \frac{\sin \Delta kx}{\pi x} e^{i\overline{k}x} \tag{5.38}$$

したがって，$u(x)$ はゆるやかな関数 $\pm\frac{\sin \Delta kx}{\pi x}$ に閉じ込められた，波数 $\overline{k}$ の速い波 $e^{i\overline{k}x}$ である．$e^{i\overline{k}x}$ は複素数だが，実空間での波を表すときは実部で考えればよいので，$\cos \overline{k}x$ の波となる．

　図と式から分かるとおり，波束はおおよそ $|\Delta kx| \leq \pi$ の領域に閉じこめられている．x については

$$-\frac{\pi}{\Delta k} \leq x \leq \frac{\pi}{\Delta k}$$

の領域なので，波束がおおよそ閉じこめられている x の幅は $\frac{2\pi}{\Delta k}$ である．つまり，振動数領域 Δk をなるべく広く使って波束を作らないと，空間に狭く局在した波束は作れないことを意味する．

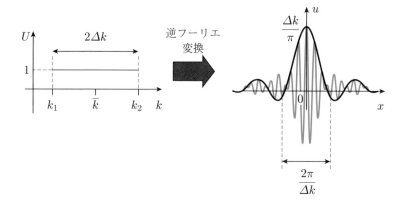

演習 5.1　空気の密度を $1.2\,\mathrm{kg/m^3}$，体積弾性率を $1.4 \times 10^5\,\mathrm{Pa}$，水の体積弾性率を $2.2 \times 10^9\,\mathrm{Pa}$ としたとき，音波の空気中，水中での伝播速度はそれぞれいくらになるか．有効数字 2 桁で求めよ．

演習 5.2　鉄鋼の密度が $7.9 \times 10^3\,\mathrm{kg/m^3}$，ヤング率が $210\,\mathrm{GPa}$，剛性率が $80\,\mathrm{GPa}$ のとき，鉄鋼中を伝わる縦波の弾性波（P 波）と横波の弾性波（S 波）の伝播速度はそれぞれいくらか．有効数字 2 桁で求めよ．

演習 5.3　x 方向の長さが L の気柱の，$x = 0$ の端が閉じていて，$x = L$ の端が開いているとき，変位の式 $u(x, t)$ が満たすべき条件を求めよ．また式 (4.26) がその条件を満たすことを確認せよ．

演習 5.4　複素フーリエ級数とフーリエ正弦・余弦級数の関係のように，フーリエ変換もフーリエ正弦変換とフーリエ余弦変換に分けて表すことができることを示せ．

演習 5.5　以下で定義される関数のフーリエ変換 $F(k)$ を求めよ．ただし $a > 0$ である．

(1)　$f(x) = e^{-a|x|}$

(2)　$\delta_a(x) = \begin{cases} \dfrac{1}{2a} & (-a \le x \le a) \\ 0 & (x < -a,\ a < x) \end{cases}$

(3)　$\delta(x) = \lim_{a \to +0} \delta_a(x)$　（ディラックのデルタ関数）

第6章

2次元・3次元の波動

　前章までは，1次元の波動方程式から導かれる波動の性質を紹介したが，空間は3次元なので波動方程式も3次元に拡張して考えるべきである．実は線形波動方程式の2次元，3次元への拡張はそれほど難しくない．そこで2次元，3次元の波動方程式とその解を紹介するとともに，媒質がなくても伝播することのできる電磁波（光）についても解説する．

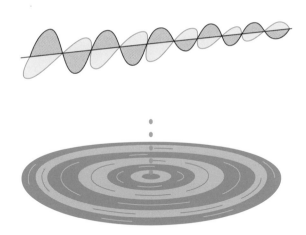

6.1　膜　の　振　動

　前の章では 1 次元の波動を表す方程式を導いたが，この波動方程式は 2 次元・3 次元空間での振動にも容易に拡張できることが想像できる．そこで，まず 2 次元平面で張った膜にも，弦と同様に振動が発生することを確認してみる．

　x-y 平面で膜を張り，x 方向にも y 方向にも等しく，単位長さ当たり T の張力で膜を引っ張っているとする．4.1 節に出てきた弦の張力 T とは異なることに注意してほしい．また，膜の単位面積当たりの質量を ρ とする．膜は x-y 平面と垂直な u 方向に変位を起こす．このとき，膜の微小面積（x から $x + \Delta x$ と y から $y + \Delta y$ で囲まれる四角形）にはたらく復元力を考える．図のように四角形の左右の辺（長さ Δy）にはたらく張力の大きさは $T\Delta y$ となり，弦のときと全く同様に考えると，この張力の差から発生する力の x 方向の成分 F_x は，式 (4.3) の F を F_x に，T を $T\Delta y$ に置き換えればよいので，以下のようになる．

$$F_x = T\Delta y \frac{\partial^2 u}{\partial x^2} \Delta x \tag{6.1}$$

また四角形の前後の辺（長さ Δx）の張力の差から発生する力の y 方向の成分 F_y は

$$F_y = T\Delta x \frac{\partial^2 u}{\partial y^2} \Delta y \tag{6.2}$$

となる．ここで膜の微小面積の質量は $\rho\Delta x\Delta y$ なので，膜の微小面積の運動方

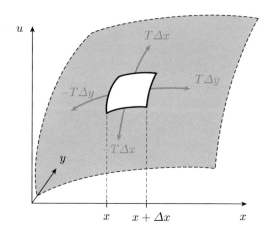

程式は以下のようになる.

$$\rho \Delta x \Delta y \frac{\partial^2 u}{\partial t^2} = F_x + F_y = T \Delta x \Delta y \left(\frac{\partial^2 u}{\partial x^2} + \frac{\partial^2 u}{\partial y^2} \right)$$

$$\frac{\partial^2 u}{\partial t^2} = \frac{T}{\rho} \left(\frac{\partial^2 u}{\partial x^2} + \frac{\partial^2 u}{\partial y^2} \right) \tag{6.3}$$

$v = \sqrt{\frac{T}{\rho}}$ と定義すると, 2 次元の波動方程式は

$$\frac{\partial^2 u}{\partial t^2} = v^2 \left(\frac{\partial^2 u}{\partial x^2} + \frac{\partial^2 u}{\partial y^2} \right) \tag{6.4}$$

となり, 1 次元の波動方程式と非常に似た形となることが示された.

── 例題 6.1 ──

単位長さ当たりの張力 T の単位を [N/m], 単位面積当たりの質量 ρ の単位を [kg/m²] とすれば, $v = \sqrt{\frac{T}{\rho}}$ は速さの単位 [m/s] となることを示せ.

【解答】 $\frac{T}{\rho}$ の単位は, $[\mathrm{N/m}]/[\mathrm{kg/m^2}] = [\mathrm{kg/s^2}]/[\mathrm{kg/m^2}] = [\mathrm{m^2/s^2}]$
よって, v の単位は, [m/s] となることが示された. □

　2 次元の波動方程式も, 1 次元の波動方程式のように, 変数分離法を用いて解くことができる (4.1 節を参照). $u(x, y, t)$ が x のみの関数 $U(x)$, y のみの関数 $V(y)$, t のみの関数 $W(t)$ の積で表せるとする. すなわち

$$u(x, y, t) = U(x)V(y)W(t)$$

の形で表し, これを波動方程式 (6.4) に代入すると

$$\frac{\partial^2}{\partial t^2}(U(x)V(y)W(t)) = v^2 \left(\frac{\partial^2}{\partial x^2} + \frac{\partial^2}{\partial y^2} \right)(U(x)V(y)W(t))$$

$$U(x)V(y)\frac{d^2}{dt^2}W(t) = v^2 W(t) \left(V(y)\frac{d^2}{dx^2}U(x) + U(x)\frac{d^2}{dy^2}V(y) \right)$$

$$\frac{1}{W}\frac{d^2 W}{dt^2} = v^2 \left(\frac{1}{U}\frac{d^2 U}{dx^2} + \frac{1}{V}\frac{d^2 V}{dy^2} \right)$$

ここで最後の式は x, y, t がいかなる場合でも成り立つので, 両辺の値が定数となる. 角振動数 ω で振動する解を得るためにその定数を

$$\frac{1}{W}\frac{d^2W}{dt^2} = v^2\left(\frac{1}{U}\frac{d^2U}{dx^2} + \frac{1}{V}\frac{d^2V}{dy^2}\right) = -\omega^2$$

とおくと

$$\frac{d^2W}{dt^2} = -\omega^2 W \tag{6.5}$$

$$\frac{1}{U}\frac{d^2U}{dx^2} + \frac{1}{V}\frac{d^2V}{dy^2} = -k^2 \tag{6.6}$$

が得られる．ただし，波数 $k = \frac{\omega}{v}$ とおいた．$W(t)$ に関する式は，角振動数 ω の単振動の微分方程式なので，解は正弦関数の形である．$U(x), V(y)$ に関する式は，右辺が定数なので，さらに $k_x^2 + k_y^2 = k^2$ となるような定数 k_x, k_y を導入すると

$$\frac{d^2U}{dx^2} = -k_x^2 U \tag{6.7}$$

$$\frac{d^2V}{dy^2} = -k_y^2 V \tag{6.8}$$

の 2 式が得られる．したがって，$U(x), V(y)$ も単振動の微分方程式を満たし，解は正弦関数の形となる．このとき，k_x, k_y はそれぞれ x 方向の波数，y 方向の波数となる．

　$u(x,y,t)$ が $U(x), V(y), W(t)$ の積であることから振幅部分の定数をまとめると

$$u(x,y,t) = A\sin(k_x x + \phi_x)\sin(k_y y + \phi_y)\sin(\omega t + \phi_t) \tag{6.9}$$

が解の形である．ただし，$\omega^2 = v^2 k^2 = v^2(k_x^2 + k_y^2)$ である．ここで $\boldsymbol{k} = (k_x, k_y)$ で定義されるベクトル $\boldsymbol{k}$ を，**波数ベクトル**と呼ぶ．$k = |\boldsymbol{k}|$ である．

　膜が太鼓のようにある形状の枠に張られている場合，境界条件から基準振動が求まり，膜の振動はその基準振動の重ね合わせで表現できることになるが，二次元の境界条件の場合，その計算はとても複雑になる．ここでは最も単純に，図のように辺の長さが L_x, L_y の長方形の枠に張られた膜の基準振動のみ紹介する．弦の基準振動を求めたときと全く同じように，x 方向，y 方向の基準振動の波長はそれぞれ $2L_x, 2L_y$ となるので，m, n を自然数として，x 方向，y 方向それぞれの波数 k_x, k_y は

$$k_x = \frac{m\pi}{L_x} \tag{6.10}$$

$$k_y = \frac{n\pi}{L_y} \tag{6.11}$$

となる．角振動数 ω は，$\omega^2 = v^2 k^2$ より，以下のとおりである．

$$\omega = \pi \sqrt{\left(\frac{m^2}{L_x^2} + \frac{n^2}{L_y^2}\right) \frac{T}{\rho}} \tag{6.12}$$

膜の張ってある x 方向の範囲を 0 から L_x，y 方向の範囲を 0 から L_y とすると，弦の振動と同様に境界条件から $\phi_x = \phi_y = 0$ となり，式 (6.9) は

$$u(x, y, t) = A \sin(k_x x) \sin(k_y y) \sin(\omega t + \phi_t) \tag{6.13}$$

となる．$u(x, y, t)$ は，自然数 m, n の全ての組み合わせの重ね合わせとなる．図に，$(m, n) = (1, 1), (2, 1), (1, 2), (2, 2)$ の基準振動のパターンを示す．各振動は，山の状態と谷の状態を行き来する．$(m, n) = (1, 1)$ の基準振動が膜全体が上下に振動するため最も現れやすいが，実際の膜の振動は無数の基準振動の重ね合わせで表される複雑な振動となる．

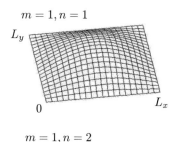

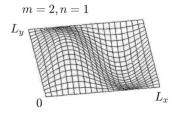

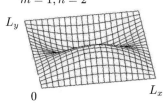

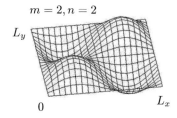

ベッセル関数

　二次元平面に張った膜の境界条件を用いて解を求めるのは非常に複雑である．例えば，円形の境界条件にはベッセル関数が用いられる．

　第 1 種ベッセル関数

$$J_m(x) = \sum_{k=0}^{\infty} \frac{(-1)^k}{k!\,\Gamma(k+m+1)} \left(\frac{x}{2}\right)^{2k+m}$$

を用いて，半径 r_0 の膜の空間分布は例えば以下のようになる．

$$u(r,\theta) = \sum_{m=0}^{\infty} \sum_{n=1}^{\infty} A_{mn} J_m(\mu_{mn} r) \cos m\theta$$

ただし μ_{mn} は，$J_m(\mu_{mn} r_0) = 0$ となる n 番目の値である．下にいくつかの基準モードを示す．

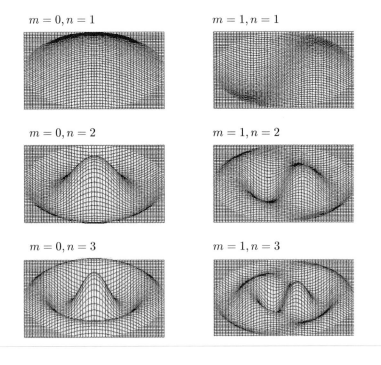

$m = 0, n = 1$　　　　　$m = 1, n = 1$

$m = 0, n = 2$　　　　　$m = 1, n = 2$

$m = 0, n = 3$　　　　　$m = 1, n = 3$

6.2 平面波と球面波

　2 次元の波動方程式を求めたことにより，波動方程式の 3 次元への拡張も容易に想像がつくだろう．3 次元の波動方程式は式 (6.4) に z の項を加えて

$$\frac{\partial^2 u}{\partial t^2} = v^2 \left(\frac{\partial^2 u}{\partial x^2} + \frac{\partial^2 u}{\partial y^2} + \frac{\partial^2 u}{\partial z^2} \right) \tag{6.14}$$

の形になる．ここで，**ラプラシアン**という演算子 Δ を

$$\Delta = \frac{\partial^2}{\partial x^2} + \frac{\partial^2}{\partial y^2} + \frac{\partial^2}{\partial z^2} \tag{6.15}$$

と定義すると，3 次元の波動方程式 (6.14) は

$$\frac{\partial^2 u}{\partial t^2} = v^2 \Delta u \tag{6.16}$$

と書くことができる．

　音波や地震波や身のまわりの多くの波動が，3 次元の波動方程式に従うはずである．それでは 3 次元の波動方程式の解としてはどのようなものがあるか．ここでは平面波と球面波について紹介する．

● **平面波**　平面波とは，その等位相面，すなわち**波面**が平面となる波動である．地上に降り注ぐ太陽光のように，**波源**から十分離れた地点では，波動は平面波とみなすことができる．膜の振動で波数ベクトル $\boldsymbol{k}$ を導入したが，これを

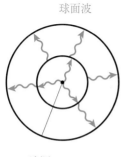

球面波

波源

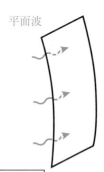

平面波

波源より十分遠方
では平面波とみなせる

3 次元に拡張して $\boldsymbol{k} = (k_x, k_y, k_z)$ とする．ここでは波数ベクトル $\boldsymbol{k}$ の方向に進む平面波を求めてみる．

　波数ベクトル $\boldsymbol{k}$ の向きの単位ベクトルを $\boldsymbol{n} = (n_x, n_y, n_z)$ とおくと

$$\boldsymbol{n} = \frac{\boldsymbol{k}}{|\boldsymbol{k}|} = \frac{\boldsymbol{k}}{k} \tag{6.17}$$

の関係となる．波動の進む方向 $\boldsymbol{k}$ は波面と垂直なので，$\boldsymbol{n}$ は波面の法線ベクトルとなる．平面波のある波面を選び，原点 O から波面までの距離 OQ を q とする．この波面上の任意の点 R の位置ベクトルを $\boldsymbol{r} = (x, y, z)$ とすると，OQ は OR の $\boldsymbol{n}$ 方向の成分なので，q は $\boldsymbol{r}$ と $\boldsymbol{n}$ の内積に等しくなる．したがって

$$\begin{aligned} q &= \boldsymbol{n} \cdot \boldsymbol{r} \\ &= n_x x + n_y y + n_z z \end{aligned} \tag{6.18}$$

が得られる．ここで，q を x で偏微分すると

$$\frac{\partial q}{\partial x} = n_x$$

となるので，x による偏微分は

$$\frac{\partial}{\partial x} = \frac{\partial q}{\partial x}\frac{\partial}{\partial q} = n_x \frac{\partial}{\partial q}$$

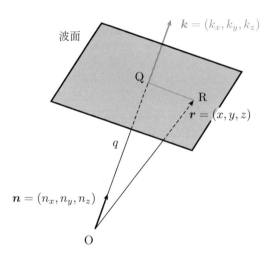

のように q の偏微分で表すことができる. さらに x による 2 階偏微分は

$$\frac{\partial^2}{\partial x^2} = n_x^2 \frac{\partial^2}{\partial q^2}$$

となる. y, z による 2 階偏微分も同じように q の偏微分で表すことができるので, ラプラシアン Δ は以下のようになる.

$$\begin{aligned}
\Delta &= \frac{\partial^2}{\partial x^2} + \frac{\partial^2}{\partial y^2} + \frac{\partial^2}{\partial z^2} = (n_x^2 + n_y^2 + n_z^2)\frac{\partial^2}{\partial q^2} \\
&= \frac{\partial^2}{\partial q^2}
\end{aligned} \tag{6.19}$$

ただし $\boldsymbol{n}$ は単位ベクトルなので, $n_x^2 + n_y^2 + n_z^2 = 1$ を用いた. この結果, 3 次元の波動方程式 (6.16) は

$$\frac{\partial^2 u}{\partial t^2} = v^2 \frac{\partial^2 u}{\partial q^2} \tag{6.20}$$

となり, これは q 方向に速さ v で進む 1 次元の波動の方程式である. この波動方程式のダランベールの解 (5.9) を求めると

$$\begin{aligned}
u &= f(q - vt) + g(q + vt) \\
&= f(\boldsymbol{n} \cdot \boldsymbol{r} - vt) + g(\boldsymbol{n} \cdot \boldsymbol{r} + vt) \\
&= f\left(\frac{\boldsymbol{k} \cdot \boldsymbol{r}}{k} - vt\right) + g\left(\frac{\boldsymbol{k} \cdot \boldsymbol{r}}{k} + vt\right) \\
&= f\left(\frac{\boldsymbol{k} \cdot \boldsymbol{r} - \omega t}{k}\right) + g\left(\frac{\boldsymbol{k} \cdot \boldsymbol{r} + \omega t}{k}\right)
\end{aligned} \tag{6.21}$$

となる. ただし式 (6.17), (6.18) と, 角振動数 $\omega = vk$ の関係を用いた.

f は $\boldsymbol{k}$ 方向に進む進行波, g は $-\boldsymbol{k}$ 方向に進む進行波だが, 波数ベクトル $\boldsymbol{k}$ は任意の方向に取れるので, f の形のみを考えれば十分である. よってフーリエ展開の考え方から

$$u(\boldsymbol{r}, t) = A\sin(\boldsymbol{k} \cdot \boldsymbol{r} - \omega t + \phi) \tag{6.22}$$

となる波の重ね合わせで任意の $\boldsymbol{k}$ 方向に進む平面波は表現できる.

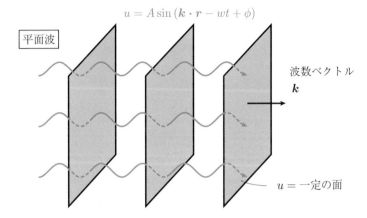

$$u = A \sin(\boldsymbol{k} \cdot \boldsymbol{r} - wt + \phi)$$

平面波

波数ベクトル
$\boldsymbol{k}$

$u = $ 一定の面

例題 6.2

平面波を表す式

$$u(\boldsymbol{r}, t) = A \sin(\boldsymbol{k} \cdot \boldsymbol{r} - \omega t + \phi)$$

が 3 次元の波動方程式

$$\frac{\partial^2 u}{\partial t^2} = v^2 \Delta u$$

を満たすことを確認せよ.

【解答】 波動方程式の左辺は

$$\frac{\partial^2 u}{\partial t^2} = -\omega^2 A \sin(\boldsymbol{k} \cdot \boldsymbol{r} - \omega t + \phi) = -\omega^2 u(\boldsymbol{r}, t)$$

一方, 波動方程式の右辺に関する部分は

$$\Delta u = \left(\frac{\partial^2}{\partial x^2} + \frac{\partial^2}{\partial y^2} + \frac{\partial^2}{\partial z^2} \right) A \sin(k_x x + k_y y + k_z z - \omega t + \phi)$$

$$= (-k_x^2 - k_y^2 - k_z^2) A \sin(k_x x + k_y y + k_z z - \omega t + \phi)$$

$$= -k^2 u(\boldsymbol{r}, t)$$

$\omega = vk$ より, 波動方程式を満たすことが確認できた. □

2 次元の膜の振動に現れた解

$$u(x, y, t) = A \sin(k_x x) \sin(k_y y) \sin(\omega t + \phi_t) \tag{6.23}$$

をもう一度考えてみよう．詳しい計算は演習問題とするが，この式は巻末付録の三角関数の積和の公式 (A.7)–(A.10) を用いると，$(k_x, k_y), (-k_x, -k_y), (k_x, -k_y), (-k_x, k_y)$ の方向に伝播する波が重なり合い，結果として境界条件に拘束された定在波を形成していることが分かる．

● **球面波** 続いて，球面波について紹介する．球面波は，ある点を波源としてそこから放射状に広がる波である．波面が球面状となるので**球面波**と呼ばれる．球面波の波源を原点にとると，波動を表す式は原点からの距離 r のみに依存するはずである．

$$r = \sqrt{x^2 + y^2 + z^2} \tag{6.24}$$

より，r を x で偏微分すると

$$\frac{\partial r}{\partial x} = \frac{2x}{2\sqrt{x^2 + y^2 + z^2}} = \frac{x}{r}$$

となる．これより，x による偏微分は

$$\frac{\partial}{\partial x} = \frac{\partial r}{\partial x}\frac{\partial}{\partial r} = \frac{x}{r}\frac{\partial}{\partial r} \tag{6.25}$$

のように r の偏微分で表すことができる．さらに x による2階偏微分は

$$\begin{aligned}
\frac{\partial^2}{\partial x^2} &= \frac{\partial}{\partial x}\left(\frac{x}{r}\frac{\partial}{\partial r}\right) = x\frac{\partial}{\partial x}\left(\frac{1}{r}\frac{\partial}{\partial r}\right) + \frac{1}{r}\frac{\partial}{\partial r} \\
&= \frac{x^2}{r}\frac{\partial}{\partial r}\left(\frac{1}{r}\frac{\partial}{\partial r}\right) + \frac{1}{r}\frac{\partial}{\partial r}
\end{aligned} \tag{6.26}$$

となる．ここで，y, z による2階偏微分も同じように r の偏微分で表すことができるので，ラプラシアン Δ は以下のようになる．

$$\begin{aligned}
\Delta &= \frac{x^2 + y^2 + z^2}{r}\frac{\partial}{\partial r}\left(\frac{1}{r}\frac{\partial}{\partial r}\right) + \frac{3}{r}\frac{\partial}{\partial r} \\
&= r\left(\frac{1}{r}\frac{\partial^2}{\partial r^2} - \frac{1}{r^2}\frac{\partial}{\partial r}\right) + \frac{3}{r}\frac{\partial}{\partial r} \\
&= \frac{\partial^2}{\partial r^2} + \frac{2}{r}\frac{\partial}{\partial r}
\end{aligned} \tag{6.27}$$

ここで，解を求めるためのテクニックとして，ru という関数の r による2階偏微分を考えてみる．

$$\frac{\partial^2}{\partial r^2}(ru) = \frac{\partial}{\partial r}\left(r\frac{\partial u}{\partial r} + u\right)$$

$$= r\frac{\partial^2 u}{\partial r^2} + \frac{\partial u}{\partial r} + \frac{\partial u}{\partial r}$$

$$= r\left(\frac{\partial^2}{\partial r^2} + \frac{2}{r}\frac{\partial}{\partial r}\right)u$$

$$= r\Delta u$$

ただし,式 (6.27) の関係を用いた.以上のことから,3次元の波動方程式 $\frac{\partial^2 u}{\partial t^2} = v^2\Delta u$ の両辺に r をかけると,以下のように変形できる.

$$r\frac{\partial^2 u}{\partial t^2} = v^2 r\Delta u = v^2\frac{\partial^2}{\partial r^2}(ru)$$

$$\frac{\partial^2}{\partial t^2}(ru) = v^2\frac{\partial^2}{\partial r^2}(ru) \tag{6.28}$$

最後の式は,関数 ru が r 方向に速度 v で伝播する1次元の波動方程式を満たすことを示している.よってダランベールの解 (5.9) は

$$ru = f(r - vt) + g(r + vt) \tag{6.29}$$

となる.ここで進行波である $f(r - vt)$ は波源から外向きに伝播する波だが,後退波 $g(r + vt)$ は外側から波源に向かって行く波であり解としてふさわしくない.そこで進行波のみを解として選ぶことにすると

$$u(r, t) = \frac{1}{r}f(r - vt) \tag{6.30}$$

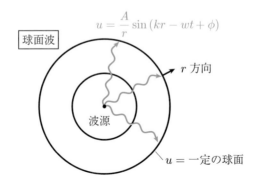

が球面波の解の形として求まった. 実際にはフーリエ展開の考え方から, $\omega = vk$ となる波数 k と角振動数 ω を用いて

$$u(r,t) = \frac{A}{r}\sin(kr - \omega t + \phi) \tag{6.31}$$

となる波の重ね合わせで任意の外向きの球面波は表現できる.

極座標表示

3 次元空間を表す座標として, **直交座標** (x, y, z) の他に**極座標** (r, θ, φ) というものも用いられる. 直交座標と極座標の関係は以下のとおりである.

$$\begin{cases} x = r\sin\theta\cos\varphi \\ y = r\sin\theta\sin\varphi \\ z = r\cos\theta \end{cases}$$

極座標のラプラシアン Δ は以下のように表すことができる.

$$\Delta = \frac{1}{r^2}\frac{\partial}{\partial r}\left(r^2\frac{\partial}{\partial r}\right) + \frac{1}{r^2\sin\theta}\frac{\partial}{\partial\theta}\left(\sin\theta\frac{\partial}{\partial\theta}\right) + \frac{1}{r^2\sin^2\theta}\frac{\partial^2}{\partial\varphi^2}$$

よって, 波動が r のみの関数の場合, ラプラシアン Δ は r による偏微分の項のみとなり, 以下のようになる.

$$\Delta = \frac{1}{r^2}\frac{\partial}{\partial r}\left(r^2\frac{\partial}{\partial r}\right) = \frac{\partial^2}{\partial r^2} + \frac{2}{r}\frac{\partial}{\partial r}$$

6.3 電 磁 波

3 次元の波動は数多くあるが, ここでは例として真空中を伝播する**光**, つまり**電磁波**について紹介する. 電磁気学については他書で詳しく解説されているが, ここではなるべく簡単に, 真空中の**マクスウェル方程式**から電磁波の波動方程式を求めてみる. 真空中のマクスウェル方程式は, **電場** $\boldsymbol{E}$ と**磁束密度** $\boldsymbol{B}$ に関する以下の 4 式である.

$$\boldsymbol{\nabla}\cdot\boldsymbol{E} = \frac{\rho}{\varepsilon_0} \tag{6.32}$$

$$\boldsymbol{\nabla}\times\boldsymbol{E} = -\frac{\partial\boldsymbol{B}}{\partial t} \tag{6.33}$$

$$\boldsymbol{\nabla} \cdot \boldsymbol{B} = 0 \tag{6.34}$$

$$\boldsymbol{\nabla} \times \boldsymbol{B} = \mu_0 \left(\boldsymbol{i} + \varepsilon_0 \frac{\partial \boldsymbol{E}}{\partial t} \right) \tag{6.35}$$

ここで，**発散**（divergence）と**回転**（rotation）について説明する．発散はその地点からの湧き出しを表し，例として電場 $\boldsymbol{E}$ の発散は

$$\boldsymbol{\nabla} \cdot \boldsymbol{E} = \frac{\partial E_x}{\partial x} + \frac{\partial E_y}{\partial y} + \frac{\partial E_z}{\partial z} \tag{6.36}$$

と計算できる．結果はスカラーとなる．回転はその地点での渦度を表し，電場 $\boldsymbol{E}$ の回転ならば

$$\boldsymbol{\nabla} \times \boldsymbol{E} = \begin{pmatrix} \frac{\partial E_z}{\partial y} - \frac{\partial E_y}{\partial z} \\ \frac{\partial E_x}{\partial z} - \frac{\partial E_z}{\partial x} \\ \frac{\partial E_y}{\partial x} - \frac{\partial E_x}{\partial y} \end{pmatrix} \tag{6.37}$$

と計算でき，結果はベクトルとなる．

電荷や電流のない空間では，電荷密度 $\rho = 0$，電流密度 $\boldsymbol{i} = \boldsymbol{0}$ なので，マクスウェル方程式は以下のようになる．

$$\boldsymbol{\nabla} \cdot \boldsymbol{E} = 0 \tag{6.38}$$

$$\boldsymbol{\nabla} \times \boldsymbol{E} = -\frac{\partial \boldsymbol{B}}{\partial t} \tag{6.39}$$

$$\boldsymbol{\nabla} \cdot \boldsymbol{B} = 0 \tag{6.40}$$

$$\boldsymbol{\nabla} \times \boldsymbol{B} = \frac{1}{c^2} \frac{\partial \boldsymbol{E}}{\partial t} \tag{6.41}$$

ここで，光速 c と真空の誘電率 ε_0，真空の透磁率 μ_0 の間の関係

$$c^2 = \frac{1}{\varepsilon_0 \mu_0} \tag{6.42}$$

を用いた．光速は有効数字 3 桁で，$c = 3.00 \times 10^8\,\mathrm{m/s}$ である．ここで式 (6.39) の回転をとり，式 (6.41) を用いると

$$\boldsymbol{\nabla} \times (\boldsymbol{\nabla} \times \boldsymbol{E}) = -\frac{\partial}{\partial t}(\boldsymbol{\nabla} \times \boldsymbol{B}) = -\frac{1}{c^2} \frac{\partial^2 \boldsymbol{E}}{\partial t^2}$$

となる．ベクトル三重積の性質より

—— ベクトル三重積（回転の回転）——

$$\boldsymbol{\nabla} \times (\boldsymbol{\nabla} \times \boldsymbol{E}) = \boldsymbol{\nabla}(\boldsymbol{\nabla} \cdot \boldsymbol{E}) - \Delta \boldsymbol{E}$$

$$\boldsymbol{\nabla}(\boldsymbol{\nabla} \cdot \boldsymbol{E}) - \Delta \boldsymbol{E} = -\frac{1}{c^2}\frac{\partial^2 \boldsymbol{E}}{\partial t^2}$$

となる．式 (6.38) より電場 $\boldsymbol{E}$ の発散は 0 なので

$$\frac{\partial^2 \boldsymbol{E}}{\partial t^2} = c^2 \Delta \boldsymbol{E} \tag{6.43}$$

が得られた．この微分方程式は，3 次元空間を伝播する波動方程式である．

また同様にして，磁束密度 $\boldsymbol{B}$ に関しても波動方程式

$$\frac{\partial^2 \boldsymbol{B}}{\partial t^2} = c^2 \Delta \boldsymbol{B} \tag{6.44}$$

を求めることができる．この電場 $\boldsymbol{E}$ と磁束密度 $\boldsymbol{B}$ の振動が共に空間に光速で伝わっていく波動が，電磁波である．

—— 例題 6.3 ——

ベクトル三重積（回転の回転）の式

$$\boldsymbol{\nabla} \times (\boldsymbol{\nabla} \times \boldsymbol{E}) = \boldsymbol{\nabla}(\boldsymbol{\nabla} \cdot \boldsymbol{E}) - \Delta \boldsymbol{E}$$

が成り立つことを，代表で x 成分のみを計算することで示せ．

【解答】　$\boldsymbol{\nabla} \times (\boldsymbol{\nabla} \times \boldsymbol{E})$ の x 成分を計算すると

$$\left[\boldsymbol{\nabla} \times (\boldsymbol{\nabla} \times \boldsymbol{E})\right]_x = \frac{\partial}{\partial y}(\boldsymbol{\nabla} \times \boldsymbol{E})_z - \frac{\partial}{\partial z}(\boldsymbol{\nabla} \times \boldsymbol{E})_y$$

$$= \frac{\partial}{\partial y}\left(\frac{\partial E_y}{\partial x} - \frac{\partial E_x}{\partial y}\right) - \frac{\partial}{\partial z}\left(\frac{\partial E_x}{\partial z} - \frac{\partial E_z}{\partial x}\right)$$

$$= \frac{\partial^2 E_y}{\partial x \partial y} - \frac{\partial^2 E_x}{\partial y^2} - \frac{\partial^2 E_x}{\partial z^2} + \frac{\partial^2 E_z}{\partial x \partial z}$$

$$= \frac{\partial^2 E_x}{\partial x^2} + \frac{\partial^2 E_y}{\partial x \partial y} + \frac{\partial^2 E_z}{\partial x \partial z} - \frac{\partial^2 E_x}{\partial x^2} - \frac{\partial^2 E_x}{\partial y^2} - \frac{\partial^2 E_x}{\partial z^2}$$

$$= \frac{\partial}{\partial x}\left(\frac{\partial E_x}{\partial x} + \frac{\partial E_y}{\partial y} + \frac{\partial E_z}{\partial z}\right) - \left(\frac{\partial^2}{\partial x^2} + \frac{\partial^2}{\partial y^2} + \frac{\partial^2}{\partial z^2}\right)E_x$$

$$= \frac{\partial}{\partial x}(\boldsymbol{\nabla} \cdot \boldsymbol{E}) - \Delta E_x$$

となり，y 成分，z 成分も同様にして計算できるので，示された．　　　　　　□

　それでは，電磁波の実際の形を，平面波を例に求めてみよう．電場 $\boldsymbol{E}$ の振動は平面波ならば

$$\boldsymbol{E} = \boldsymbol{E}_0 \sin(\boldsymbol{k} \cdot \boldsymbol{r} - \omega t + \phi) \tag{6.45}$$

の形となる．$\boldsymbol{E}$ はベクトル量なので，振動も x, y, z の 3 方向の成分を持つ．$\boldsymbol{E}$ の発散を計算すると，以下のようになる．

$$\boldsymbol{\nabla} \cdot \boldsymbol{E} = \begin{pmatrix} E_{0x} \\ E_{0y} \\ E_{0z} \end{pmatrix} \cdot \boldsymbol{\nabla} \sin(k_x x + k_y y + k_z z - \omega t + \phi)$$

$$= (k_x E_{0x} + k_y E_{0y} + k_z E_{0z}) \cos(\boldsymbol{k} \cdot \boldsymbol{r} - \omega t + \phi)$$

$$= (\boldsymbol{k} \cdot \boldsymbol{E}_0) \cos(\boldsymbol{k} \cdot \boldsymbol{r} - \omega t + \phi)$$

式 (6.38) の $\boldsymbol{\nabla} \cdot \boldsymbol{E} = 0$ が恒久的に成り立つためには，$\boldsymbol{k} \cdot \boldsymbol{E}_0 = 0$ となる必要がある．つまり，電磁波の進行方向 $\boldsymbol{k}$ と電場 $\boldsymbol{E}$ の振動方向は垂直となる．

　そこで，電磁波の進行方向を x 方向，電場の振動方向を y 方向にとると

$$E_y = E_{0y} \sin(k_x x - \omega t + \phi) \tag{6.46}$$

と書き直すことができ，電場は y 成分しかないので，$\boldsymbol{E}$ の回転は

$$\boldsymbol{\nabla} \times \boldsymbol{E} = \begin{pmatrix} -\frac{\partial E_y}{\partial z} \\ 0 \\ \frac{\partial E_y}{\partial x} \end{pmatrix} \tag{6.47}$$

さらに E_y は x と t の関数なので $\boldsymbol{\nabla} \times \boldsymbol{E}$ は z 成分しか残らず

$$(\boldsymbol{\nabla} \times \boldsymbol{E})_z = k_x E_{0y} \cos(k_x x - \omega t + \phi) \tag{6.48}$$

となる．マクスウェル方程式の式 (6.39) より，これが $-\frac{\partial \boldsymbol{B}}{\partial t}$ と等しいので，$\frac{\partial \boldsymbol{B}}{\partial t}$ は z 成分しかないことになる．t で積分して振動成分のみを表すと $\boldsymbol{B}$ は

$$B_z = \frac{k_x E_{0y}}{\omega} \sin(k_x x - \omega t + \phi) \tag{6.49}$$

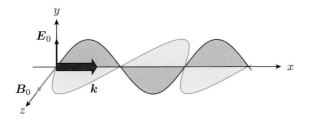

となることが分かった. まとめると

$$\boldsymbol{k} \times \boldsymbol{E}_0 = \omega \boldsymbol{B}_0 \tag{6.50}$$

の関係があり, 電磁波は $\boldsymbol{E}_0 \times \boldsymbol{B}_0$ の方向に進むことになる. また $\omega = ck$ の関係から, $E_0 = cB_0$ となる. 電磁波は電場 $\boldsymbol{E}$, 磁束密度 $\boldsymbol{B}$ ともに伝播方向 $\boldsymbol{k}$ と垂直に振動することから, 横波であることが分かる.

電磁波の種類

　電磁波はその振動数 f もしくは波長 λ によって様々な種類に分けられ, 性質もそれぞれ異なる. 人間が見ることができる光, すなわち可視光線は電磁波のごく一部の波長域に過ぎない. 波長の長い電波, マイクロ波, 赤外線は通信で広く利用されている. 波長が短く振動数の大きい電磁波はエネルギーが高く, 紫外線は日焼けの元となり, X 線はレントゲン撮影で用いられ, ガンマ線は放射線治療などに利用される. $\omega = ck, \omega = 2\pi f, k = \frac{2\pi}{\lambda}$ の関係より, $f\lambda = 3.00 \times 10^8 \,\mathrm{m/s}$ の関係がある.

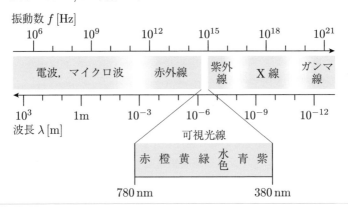

特殊相対性理論

　音波が空気の振動によって伝わるように，波動が伝わるためには**媒質**が必要だが，電磁波（光）は，真空中でも伝わる不思議な波である．このことを**特殊相対性理論**を簡単に紹介することで説明する．

　19世紀には光は波であると考えられていたが，それならば光を伝播させる媒質が存在するはずだと当時の科学者は考え，その物質をエーテルと名付けて，その存在を証明しようとした．光が波であるならば，真空中であろうとこの世界はエーテルで満ち溢れているはずだと考えたのである．

　1887年にマイケルソンとモーリーは地球の公転を利用して，エーテルの存在を証明しようとした．宇宙がエーテルで満ち溢れていて，太陽系もその中にあるとすると，静止しているエーテルの中を公転している地球がものすごい速さで移動しているはずである．地球の公転速度は時速10万km以上である．これは光速の0.01％程度である．そのため，地上で観測する光の速度は，方向によって違いが表れるはずである．これを**マイケルソン–モーリーの実験**と呼ぶ．この実験は精度を改善しつつ行われたが，結果が証明することは，光の速度は観測者の運動にかかわらず一定であるということであった．つまり，例えば光の進む向きに光速の半分の速さで進む人がその光の速度を測っても，やはり光速である，ということである．

　この不思議な現象を解決したのがアインシュタインの特殊相対性理論である．詳しい解説は本書では行わないが，それまで考えられていた，絶対時間が存在し，最高伝達速度は無限大である，という仮定が覆され，時間はそれぞれの座標系によって異なり，最高伝達速度は光速である，という考え方を導入したのが特殊相対性理論である．

　まず，絶対時間が存在するとした系同士の座標変換，すなわち**ガリレイ変換**について考える．静止座標系での時間を t とし，x 方向の運動を考える．x 方向に速さ V で等速直線運動をする座標系での時間を t'，x 方向の座標を x' とする．このような，静止または等速直線運動をする座標系を**慣性系**と呼ぶ．静止する慣性系 (t, x) から等速直線運動をする慣性系 (t', x') への座標変換は，

$$t' = t \tag{6.51}$$

$$x' = x - Vt \tag{6.52}$$

で表せる. t と x に関する偏微分を t' と x' に関する偏微分で表すと

$$\frac{\partial}{\partial t} = \frac{\partial t'}{\partial t}\frac{\partial}{\partial t'} + \frac{\partial x'}{\partial t}\frac{\partial}{\partial x'} = \frac{\partial}{\partial t'} - V\frac{\partial}{\partial x'}$$

$$\frac{\partial}{\partial x} = \frac{\partial t'}{\partial x}\frac{\partial}{\partial t'} + \frac{\partial x'}{\partial x}\frac{\partial}{\partial x'} = \frac{\partial}{\partial x'}$$

となる. ここで 1 次元の波動方程式

$$\frac{\partial^2 u}{\partial t^2} = v^2 \frac{\partial^2 u}{\partial x^2} \tag{6.53}$$

のガリレイ変換を考えると

$$\left(\frac{\partial}{\partial t'} - V\frac{\partial}{\partial x'}\right)^2 u = v^2 \frac{\partial^2 u}{\partial x'^2}$$

$$\frac{\partial^2 u}{\partial t'^2} - 2V\frac{\partial^2 u}{\partial t'\partial x'} = (v^2 - V^2)\frac{\partial^2 u}{\partial x'^2}$$

のようになり複雑な項が現れ, 単純な線形波動方程式ではなくなってしまう. このことから波動方程式は, 媒質が静止した慣性系でのみ成り立つことが分かる.

ところが, 特殊相対性理論によれば, 光速は観測者に依らず一定であり, また全ての等速直線運動をする慣性系で電磁波を記述する波動方程式は同じはずである. つまり, エーテルが静止した状態の絶対静止座標系という特別な座標系は存在しない. このことを, 電磁波を表す 1 次元の波動方程式で確かめてみる. 特殊相対性理論では, ガリレイ変換のかわりに, **ローレンツ変換**と呼ばれる座標変換が行われる. ある慣性系 (t, x) に対して x 方向に速さ V で進む慣性系 (t', x') へのローレンツ変換は, 以下のように記述される.

$$\begin{pmatrix} ct' \\ x' \end{pmatrix} = \gamma \begin{pmatrix} 1 & -\beta \\ -\beta & 1 \end{pmatrix} \begin{pmatrix} ct \\ x \end{pmatrix} \tag{6.54}$$

ここで, $\beta = \frac{V}{c}, \gamma = \frac{1}{\sqrt{1-\beta^2}}$ である. 書き直すと

$$t' = \gamma\left(t - \frac{\beta}{c}x\right) \tag{6.55}$$

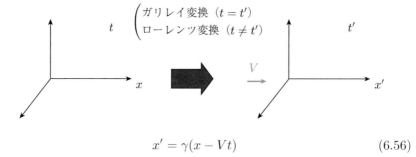

座標変換

$$x' = \gamma(x - Vt) \tag{6.56}$$

となる．t と x に関する偏微分を t' と x' に関する偏微分で表すと

$$\frac{\partial}{\partial t} = \frac{\partial t'}{\partial t}\frac{\partial}{\partial t'} + \frac{\partial x'}{\partial t}\frac{\partial}{\partial x'} = \gamma\left(\frac{\partial}{\partial t'} - V\frac{\partial}{\partial x'}\right)$$

$$\frac{\partial}{\partial x} = \frac{\partial t'}{\partial x}\frac{\partial}{\partial t'} + \frac{\partial x'}{\partial x}\frac{\partial}{\partial x'} = \gamma\left(-\frac{\beta}{c}\frac{\partial}{\partial t'} + \frac{\partial}{\partial x'}\right)$$

となる．速さ c で伝播する 1 次元の波動方程式

$$\frac{\partial^2 u}{\partial t^2} = c^2\frac{\partial^2 u}{\partial x^2} \tag{6.57}$$

のローレンツ変換を考えると

$$\gamma^2\left(\frac{\partial}{\partial t'} - V\frac{\partial}{\partial x'}\right)^2 u = c^2\,\gamma^2\left(-\frac{\beta}{c}\frac{\partial}{\partial t'} + \frac{\partial}{\partial x'}\right)^2 u$$

$$\frac{\partial^2 u}{\partial t'^2} - 2V\frac{\partial^2 u}{\partial t'\partial x'} + V^2\frac{\partial^2 u}{\partial x'^2} = \beta^2\frac{\partial^2 u}{\partial t'^2} - 2V\frac{\partial^2 u}{\partial t'\partial x'} + c^2\frac{\partial^2 u}{\partial x'^2}$$

$$(1-\beta^2)\frac{\partial^2 u}{\partial t'^2} = c^2(1-\beta^2)\frac{\partial^2 u}{\partial x'^2}$$

$$\frac{\partial^2 u}{\partial t'^2} = c^2\frac{\partial^2 u}{\partial x'^2}$$

となり，元の波動方程式と同じ形になる．よって，ローレンツ変換を行っても波動方程式の形は変わらないという重要な結果が示された．また，ローレンツ変換後でも電磁波の速度は c となり，**光速度不変の原理**が成り立つことも分かる．

真空中の光速

　光速度不変の原理が明らかになったことで，この世で最も不変なものは光速であることが分かった．そこで，かつてメートル原器によって定められていた 1 m の長さは，1983 年に光速を基準として再定義されることとなった．まず光速 c は定義値であり，厳密に

$$c = 299\,792\,458 \, \text{m/s}$$

という値である．また 1 秒の長さは，セシウム 133 原子の共振振動数 $9\,192\,631\,770$ Hz が基準となっている．1 m とは，$299\,792\,458$ 分の 1 秒に光が真空中を進む長さとして定義されている．

例題 6.4

　ある慣性系 (t, x) に対して x 方向に速さ V で進む慣性系 (t', x') で速さ V' で運動する物体は，元の慣性系 (t, x) での速さはいくつになるか．ガリレイ変換とローレンツ変換の両方の場合で考えよ．またローレンツ変換での結果は，$V < c, V' < c$ ならば光速 c を超えないことを証明せよ．

【解答】 慣性系 (t', x') で速さ V' なので

$$x' = V't'$$

となる．これにガリレイ変換の式 (6.51), (6.52) を代入すると

$$x = (V + V')t$$

が得られるので，ガリレイ変換では元の慣性系での速さ V_G は

$$V_\text{G} = V + V'$$

のとなる．また，ローレンツ変換の式 (6.55), (6.56) を代入すると

$$\gamma\,(x - Vt) = V'\,\gamma\,\left(t - \frac{\beta}{c}\right)$$

$$\left(1 + \frac{VV'}{c^2}\right)x = (V + V')t$$

$$x = \frac{V + V'}{1 + \frac{VV'}{c^2}} t$$

と変形できるので，ローレンツ変換では元の慣性系での速さ V_L は

$$V_\mathrm{L} = \frac{V + V'}{1 + \frac{VV'}{c^2}}$$

となる．$V \ll c, V' \ll c$ ならば，$V_\mathrm{L} = V_\mathrm{G}$ となる．また

$$c - V_\mathrm{L} = \frac{c\left(c + \frac{VV'}{c}\right) - c(V + V')}{c + \frac{VV'}{c}} = \frac{(c - V)(c - V')}{c + \frac{VV'}{c}}$$

となるので，$V < c, V' < c$ ならば，$V_\mathrm{L} < c$ である．　　　　□

演 習 問 題

演習 6.1　水面に広がる波紋のように，波源から 2 次元平面上を伝わる円形波を表わす式 u を導け．なお，中心からの距離を r とすると，$\frac{u}{\sqrt{r^3}}$ の項は十分小さく無視できるとする．

演習 6.2　2 次元の膜の振動に現れた解 $u(x, y, t) = A \sin(k_x x) \sin(k_y y) \sin(\omega t + \phi_t)$ が，$(k_x, k_y), (-k_x, -k_y), (k_x, -k_y), (-k_x, k_y)$ の方向に伝播する波の重ね合わせであることを示せ．

演習 6.3　波動のエネルギーが，波動の変位を表す式の関数 u の時間微分と空間微分のそれぞれの 2 乗和となることを，4 章の弦の振動を例に以下の手順で示せ．

(1)　運動エネルギー密度（単位長さ当たりの運動エネルギー）を K とする．x から $x + \Delta x$ までの微小区間の弦の運動エネルギー密度 K を，u と弦の線密度 σ を用いて表せ．

(2)　ポテンシャルエネルギー密度を U とする．x から $x + \Delta x$ までの微小区間の弦のポテンシャルエネルギーは，その区間の弦が伸びた長さに張力 T をかけたものとなる．弦の変形が微小であるとして U を求めよ．

上記 (1), (2) で求めた K, U の和が，弦の波動エネルギー密度となる．

演習 6.4　真空中の電磁波のエネルギー密度 $\mathcal{E}$ は，電場のエネルギー密度 $\frac{\varepsilon_0}{2}|\boldsymbol{E}|^2$ と磁場のエネルギー密度 $\frac{1}{2\mu_0}|\boldsymbol{B}|^2$ の和で表すことができる．ポインティング・ベクトル $\boldsymbol{S} = \frac{1}{\mu_0}\boldsymbol{E} \times \boldsymbol{B}$ を導入すると，以下の式が成り立つことを示せ．

$$\frac{\partial \mathcal{E}}{\partial t} + \boldsymbol{\nabla} \cdot \boldsymbol{S} = 0$$

ただし，以下のベクトルの公式（外積の発散）を用いてよい．

$$\boldsymbol{\nabla} \cdot (\boldsymbol{E} \times \boldsymbol{B}) = \boldsymbol{B} \cdot (\boldsymbol{\nabla} \times \boldsymbol{E}) - \boldsymbol{E} \cdot (\boldsymbol{\nabla} \times \boldsymbol{B})$$

演習 6.5　地表から見て光速の 50% の速さで進むロケットがある．このロケットから進行方向に光速の 50% の速さで物体を発射すると，地表から見たその物体の速さは光速の何 $\%$ になるか．

第 7 章

波 動 の 性 質

　この章では，波動の性質について主に 1 次元の波動を例にいくつか紹介する．屈折，干渉，回折など，どれも一度は習ったことのあるであろう簡単な話が多いが，特殊相対性理論や量子論へとつながるような話も含めて紹介するので，振動・波動をきっかけにさらに高度な物理学の現象にもぜひ興味を持ってほしい．

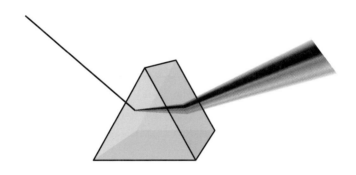

7.1　ドップラー効果

　救急車のサイレンの音が，近づいてくるときは高く，遠ざかるときは低く聞こえる現象はドップラー効果としてよく知られている.

　音波の振動数を f，波長を λ，音速を v とすると，$v = f\lambda$ の関係が成り立つ. 単位時間で音波は f 個の波を出しながら v 進むが，音源が観測者に向かって速度 $V_{\rm s}$ で進んでいるとすると，音波の先頭と音源の距離 $v - V_{\rm s}$ の間に f 個の波が存在することになる. よって音源の前方の波長 λ' は

$$\lambda' = \frac{v - V_{\rm s}}{f} = \frac{v - V_{\rm s}}{v}\lambda \tag{7.1}$$

となる. よって，音源が観測者に向かって $V_{\rm s}$ で移動する場合，観測される振動数 f' は

$$f' = \frac{v}{\lambda'} = \frac{v}{v - V_{\rm s}}f \tag{7.2}$$

となる. 音源が観測者に向かう場合は振動数が高くなり，音源が観測者から遠ざかる場合は $V_{\rm s}$ が負となるので振動数が低くなる.

　ドップラー効果は観測者が移動する場合も起きる. 音源が移動せず，観測者が音源から遠ざかる方向に $V_{\rm o}$ で移動すると，単位時間で音波が観測者を通過して進み，音波の先頭と観測者の距離は $v - V_{\rm o}$ となる. 観測者はそれを λ で割った値の個数の波を受けることになる. よって観測者が音源から $V_{\rm o}$ で遠ざ

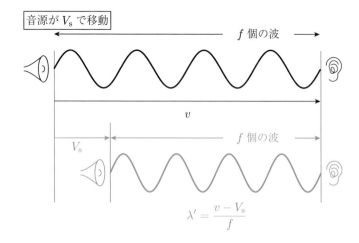

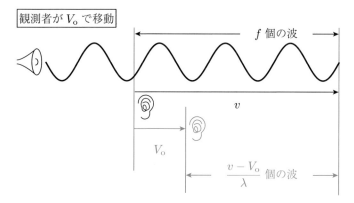

かる場合，観測される振動数 f' は

$$f' = \frac{v - V_{\mathrm{o}}}{\lambda} = \frac{v - V_{\mathrm{o}}}{v}f \tag{7.3}$$

となる．観測者が音源から遠ざかる場合は振動数は低くなり，観測者が音源に近づく場合は V_{o} が負になるので振動数は高くなる．

ドップラー効果

音源が速度 V_{s} で観測者に近づく場合

$$f' = \frac{v}{v - V_{\mathrm{s}}}f, \quad \lambda' = \frac{v - V_{\mathrm{s}}}{v}\lambda$$

観測者が速度 V_{o} で音源から遠ざかる場合

$$f' = \frac{v - V_{\mathrm{o}}}{v}f, \quad \lambda' = \lambda$$

この計算を，ガリレイ変換を用いてもう一度行ってみよう．音波の波数を k，角振動数を ω，音速を v とすると，$\omega = vk$ の関係が成り立つ．音波の変位は

$$u(x,t) = A\sin(kx - \omega t + \phi) \tag{7.4}$$

の形で表されるが，ここでは振幅を無視し，位相のみを考え，さらに初期位相 ϕ も無視する．すなわち位相 $\theta(x,t)$ を

$$\theta(x,t) = kx - \omega t = \frac{\omega}{v}x - \omega t \tag{7.5}$$

のように表す．音源が V_{s} で移動する場合，音源とともに移動する座標系では，音源の前方では音波の速度は $v - V_{\mathrm{s}}$ となる．よって位相は

$$\theta(x,t) = \frac{\omega}{v - V_{\mathrm{s}}}x - \omega t \tag{7.6}$$

となる．これを，観測者が静止している元の座標系にガリレイ変換をする．観測者は音源に対して $-V_{\mathrm{s}}$ で移動しているため，観測者の座標系を (x', t') とするとガリレイ変換は

$$t' = t \tag{7.7}$$

$$x' = x + V_{\mathrm{s}}t \tag{7.8}$$

となり，逆変換は

$$t = t' \tag{7.9}$$

$$x = x' - V_{\mathrm{s}}t' \tag{7.10}$$

となる．これを位相 $\theta(x,t)$ に代入すると

$$\begin{aligned}
\theta &= \frac{\omega}{v - V_{\mathrm{s}}}(x' - V_{\mathrm{s}}t') - \omega t' \\
&= \frac{\omega}{v - V_{\mathrm{s}}}x' - \left(1 + \frac{V_{\mathrm{s}}}{v - V_{\mathrm{s}}}\right)\omega t' \\
&= \frac{v}{v - V_{\mathrm{s}}}k\, x' - \frac{v}{v - V_{\mathrm{s}}}\omega\, t'
\end{aligned}$$

となり，観測者が観測する波数 k' と角振動数 ω' は

$$k' = \frac{v}{v - V_{\mathrm{s}}}k\,, \quad \omega' = \frac{v}{v - V_{\mathrm{s}}}\omega \tag{7.11}$$

と導かれる．$f = \frac{\omega}{2\pi}, \lambda = \frac{2\pi}{k}$ より，先の結果の式 (7.1), (7.2) と同じになる．

続いて音源が静止し，観測者が V_{o} で動く場合，観測者の座標系 (x', t') へのガリレイ変換は

$$t' = t \tag{7.12}$$

$$x' = x - V_{\mathrm{o}}t \tag{7.13}$$

となり，逆変換は

$$t = t' \tag{7.14}$$

$$x = x' + V_0 t' \tag{7.15}$$

となる．今度は音源が静止しているので，$\theta(x, t) = kx - \omega t$ に代入すると

$$
\begin{aligned}
\theta &= k(x' + V_0 t') - \omega t' \\
&= kx' - \left(\omega - \frac{\omega}{v} V_0 \right) t' \\
&= k\, x' - \frac{v - V_0}{v} \omega\, t'
\end{aligned}
$$

したがって，観測者が観測する波数 k' と角振動数 ω' は

$$k' = k, \quad \omega' = \frac{v - V_0}{v} \omega \tag{7.16}$$

となり，これも先の結果の式 (7.3) と同じになる．重要なのは，音源が動く場合と観測者が動く場合で結果が異なることであり，これは媒質が静止している座標系というものが存在するからである．

7.2 光のドップラー効果

それでは，光の場合でも先ほど求めたドップラー効果の式は成り立つだろうか．光の場合，6.4 節で述べたように媒質が必ずしも必要ではないことから媒質が静止している座標系というものは存在せず，全ての座標系は相対的なので，音源が $-V$ で動く場合と観測者が V で動く場合は区別がつかない．また，どの座標系で見ても光速 $c = \frac{\omega}{k}$ は不変のはずである．

音源に対して観測者が V で動く場合，音源の座標系から観測者の座標系へのローレンツ変換は

$$t' = \gamma \left(t - \frac{\beta}{c} x \right) \tag{7.17}$$

$$x' = \gamma (x - Vt) \tag{7.18}$$

となる．ただし，$\beta = \frac{V}{c}, \gamma = \frac{1}{\sqrt{1 - \beta^2}}$ である．逆変換は

$$t = \gamma \left(t' + \frac{\beta}{c} x' \right) \tag{7.19}$$

$$x = \gamma(x' + Vt') \tag{7.20}$$

となる. これを $\theta(x, t) = kx - \omega t$ に代入すると

$$
\begin{aligned}
\theta &= \gamma k(x' + Vt') - \gamma\omega \left(t' + \frac{\beta}{c} x' \right) \\
&= \gamma \left(kx' - \beta \frac{\omega}{c} x' - \omega t' + V \frac{\omega}{c} t' \right) \\
&= \gamma \left\{ (1 - \beta)kx' - (1 - \beta)\omega t' \right\} \\
&= \gamma(1 - \beta) \left(k\, x' - \omega\, t' \right)
\end{aligned}
$$

となる. よって, 観測者が観測する波数 k' と角振動数 ω' は

$$k' = \gamma(1 - \beta)k = \frac{1 - \beta}{\sqrt{1 - \beta^2}} k = \sqrt{\frac{1 - \beta}{1 + \beta}}\, k = \sqrt{\frac{c - V}{c + V}}\, k \tag{7.21}$$

$$\omega' = \gamma(1 - \beta)\omega = \frac{1 - \beta}{\sqrt{1 - \beta^2}} \omega = \sqrt{\frac{1 - \beta}{1 + \beta}}\, \omega = \sqrt{\frac{c - V}{c + V}}\, \omega \tag{7.22}$$

のように書き表すことができる. 観測者が観測する光の速さは

$$\frac{\omega'}{k'} = \frac{\gamma(1 - \beta)\omega}{\gamma(1 - \beta)k} = \frac{\omega}{k} = c$$

となり, 光速 c のままである.

周波数 $f = \frac{\omega}{2\pi}$ と波長 $\lambda = \frac{2\pi}{k}$ で書き直すと, 光のドップラー効果は以下のようになる.

光のドップラー効果

光源と観測者が相対的に速度 V で遠ざかる場合

$$f' = \sqrt{\frac{c - V}{c + V}}\, f, \quad \lambda' = \sqrt{\frac{c + V}{c - V}}\, \lambda$$

7.3 分散と群速度

　現代社会では，電磁波によって情報を伝達することが盛んに行われている．古くからはラジオ・テレビ放送に用いられ，さらにインターネット通信の光回線や Wi-Fi にも用いられている．ここでは最も単純なラジオ放送について簡単に紹介する．

　ラジオでよく耳にするのが AM 放送と FM 放送だが，AM は amplitude modulation の略で，**振幅変調**により音声を届けている．一方，FM は frequency modulation の略で，**周波数変調**により音声を届けている．振幅変調の方がイメージがしやすく，1 MHz 程度の電磁波（電波）の振幅を，包絡線がそのまま音声の波の形になるように変調したものである．音声の振動数は 1 MHz に比べて十分低いので，電波の振幅変調によって十分音声を伝達することができる．振幅変調は仕組みが単純なため，鉱石ラジオのように電源なしで

振幅変調

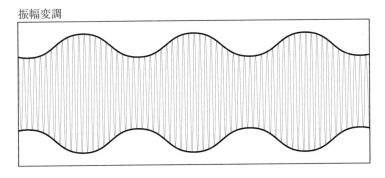

周波数変調

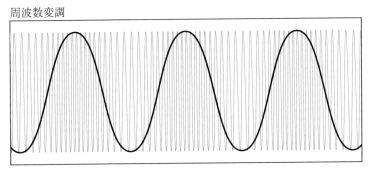

受信できる可能性もある．周波数変調の場合は，振幅は変えず，振動数を変化させることで音声を伝達している．これらは**アナログ信号**と呼ばれるが，近年では**ディジタル信号**による通信の方が一般的になりつつある．ディジタル信号でよく使われるのはパルス信号であり，受信さえできれば信号が劣化しないという特徴がある．

AM 放送と FM 放送

　AM 放送は，中波と呼ばれる 526.5 kHz – 1606.5 kHz の電波を用いている．人間の可聴域の振動数は約 20 Hz – 20 kHz だが，AM 放送で放送される音の範囲は 100 Hz – 7.5 kHz である．FM 放送には，超短波と呼ばれる電波が用いられ，日本では周波数域は 76.1 MHz – 94.9 MHz である．90 MHz 以上はワイド FM といって，AM 放送の番組を届けている．FM 放送で放送される音の範囲は 50 Hz – 15 kHz と AM に比べて広いために音質が良く，雑音も少ない．

　それでは信号は波動によってどのような速さで伝わるか，振幅変調を例にとって考えてみる．簡単な例で考えると，3.1 節で説明したように，振動数が異なる同じ程度の振幅の正弦波を重ねると，うなりが生じる．このうなりを伝えたい信号だとすると，うなりはどのような速さで進むだろうか．波数・角振動数の似通った 2 つの x 方向に進む正弦波（$\omega_1 < \omega_2$）を

$$u_1 = A\sin(k_1 x - \omega_1 t) \tag{7.23}$$

$$u_2 = A\sin(k_2 x - \omega_2 t) \tag{7.24}$$

とする．振幅は同じ A という大きさにし，初期位相は省略した．また，2 つの波数・角振動数の平均をそれぞれ $\overline{k}, \overline{\omega}$，差をそれぞれ $\Delta k, \Delta\omega$ とする．つまり

$$\overline{k} = \frac{k_1 + k_2}{2}, \quad \overline{\omega} = \frac{\omega_1 + \omega_2}{2}$$

$$\Delta k = k_2 - k_1, \quad \Delta\omega = \omega_2 - \omega_1$$

とおく．$u_1 + u_2$ を計算すると，巻末付録の三角関数の和積の公式 (A.11) より

$$u_1 + u_2 = A\sin(k_1 x - \omega_1 t) + A\sin(k_2 x - \omega_2 t)$$

$$= 2A\sin\left(\frac{k_1 x - \omega_1 t + k_2 x - \omega_2 t}{2}\right)\cos\left(\frac{k_1 x - \omega_1 t - k_2 x + \omega_2 t}{2}\right)$$

$$= 2A\sin(\overline{k}x - \overline{\omega}t)\cos\left(\frac{\Delta k}{2}x - \frac{\Delta\omega}{2}t\right)$$

となる．これは $\sin(\overline{k}x - \overline{\omega}t)$ という速い振動が，$2A\cos\left(\frac{\Delta k}{2}x - \frac{\Delta\omega}{2}t\right)$ の形のうなりを形成していることを示す．

ここで，うなりを運んでいる速い振動 $\sin(\overline{k}x - \overline{\omega}t)$ は

$$\overline{v} = \frac{\overline{\omega}}{\overline{k}} \tag{7.25}$$

の速度で x 方向に進んでいる．一方，うなり $2A\cos\left(\frac{\Delta k}{2}x - \frac{\Delta\omega}{2}t\right)$ は

$$v_{\mathrm{g}} = \frac{\frac{\Delta\omega}{2}}{\frac{\Delta k}{2}} = \frac{\Delta\omega}{\Delta k} \tag{7.26}$$

の速度で x 方向に進んでいる．もし波数 k と角振動数 ω が比例関係にあり，常に $\omega = vk$ の関係を満たすなら，$\overline{v} = v_{\mathrm{g}}$ となる．なぜならば

$$\overline{v} = \frac{\overline{\omega}}{\overline{k}} = \frac{\omega_1 + \omega_2}{k_1 + k_2} = \frac{v(k_1 + k_2)}{k_1 + k_2} = v$$

$$v_{\mathrm{g}} = \frac{\Delta\omega}{\Delta k} = \frac{\omega_2 - \omega_1}{k_2 - k_1} = \frac{v(k_2 - k_1)}{k_2 - k_1} = v$$

となるからである．この場合は，例えば $t = 0$ での波形がそのまま全く形を崩さずに x 方向に伝播していくことになる．

ところが，波数 k と角振動数 ω が比例関係にないことがあり，その場合は $\overline{v}$ と v_{g} が異なる値になる．この場合，うなりの形は変化せずに x 方向に進行していくが，うなりを構成する速い振動はうなりとは別の速度で伝播し，位相が絶えず変化していくことになる．このように波数 k と角振動数 ω が比例関係にない場合は，**分散がある**，と表現する．真空中を伝わる電磁波の速度は常に光速で分散がないが，物質中を伝わる電磁波には多かれ少なかれ分散がある．

うなりの例で考えた速い振動の $\overline{v}$ は，単に角振動数を波数で割った速度で**位相速度**と呼ばれるが，うなりの速度 v_{g} はこれに対して**群速度**と呼ばれる．$\Delta k, \Delta\omega$ はともに微小な値を考えていたので

$$v_{\mathrm{g}} = \frac{\Delta\omega}{\Delta k} \approx \frac{d\omega}{dk} \tag{7.27}$$

となる．つまり，群速度は角振動数を波数で微分したものになる．単なる正弦波の振動には何の情報もなく，正弦波が変調されて初めて信号を伝えることができる．この場合はうなりが信号を伝えることになるので，群速度が波動によ

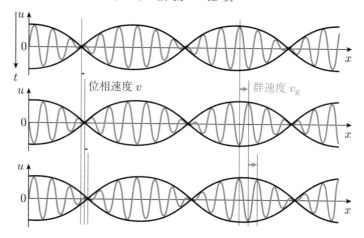

る信号の伝達速度を表すことになる．また 5.5 節で説明した波束も，分散があ
る場合は群速度で伝わることになる．

例題 7.1

　プラズマ中の電磁波の振動数 ω と波数 k の分散関係は，磁場の影響を受
けない最も簡単な場合で，プラズマ（角）振動数 ω_{p} を用いて

$$\omega^2 = \omega_{\mathrm{p}}^2 + c^2 k^2$$

と表せる．位相速度 v と群速度 v_{g} を求めよ．

【解答】

$$\omega = \sqrt{\omega_{\mathrm{p}}^2 + c^2 k^2}$$

$$v = \frac{\omega}{k} = \frac{\sqrt{\omega_{\mathrm{p}}^2 + c^2 k^2}}{k} = \sqrt{\frac{\omega_{\mathrm{p}}^2}{k^2} + c^2}$$

$$v_{\mathrm{g}} = \frac{2c^2 k}{\sqrt{\omega_{\mathrm{p}}^2 + c^2 k^2}} = \frac{c^2}{\sqrt{\frac{\omega_{\mathrm{p}}^2}{k^2} + c^2}}$$

　□

　例題で紹介したプラズマの分散関係では，位相速度は明らかに光速 c を超え
ている．ただし見かけ上の速さが光速を超えてもただちに光速度不変の原理に

反するわけではない．例えばランプを一列に並べ，あらかじめ光速より速いタイミングで点灯するようにプログラミングしておけば，見かけ上光速を超える波を作り出すことができる．重要なのは，ある情報が伝達する速さが光速を超えないことであり，これはうなりや波束を伝える場合の群速度が光速を超えないことを意味する．プラズマ中の電磁波の場合

$$\sqrt{\frac{\omega_{\mathrm{p}}^2}{k^2} + c^2} > c$$

であることから

$$v_{\mathrm{g}} = \frac{c^2}{\sqrt{\frac{\omega_{\mathrm{p}}^2}{k^2} + c^2}} < c$$

となり，群速度は光速を超えない．

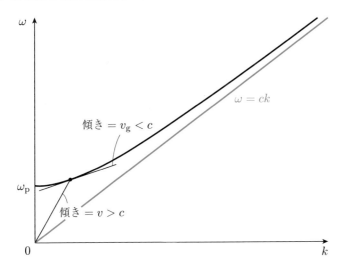

7.4 屈　　折

　分散によって生じる光の現象として，プリズムなどによる光の分光や，虹がある．これらは**屈折率**が光の波長によって異なることから生じる．いま光が屈折率 n_1 の物質中を伝播するとしよう．屈折率は，真空中の光速 c を物質中の光速 c_1 で割った値なので，物質の誘電率・透磁率をそれぞれ ε_1, μ_1 とすると

$$n_1 = \frac{c}{c_1} = \sqrt{\frac{\varepsilon_1 \mu_1}{\varepsilon_0 \mu_0}} \tag{7.28}$$

となる．ここで，物質中の光速 c_1 が $c_1 = \frac{1}{\sqrt{\varepsilon_1 \mu_1}}$ であることを用いた．また，媒質中に入っても光の角振動数 ω は不変だが，波数 k は変化するので k_1 になるとすると

$$n_1 = \frac{c}{c_1} = \frac{ck_1}{\omega} = \frac{k_1}{k} \tag{7.29}$$

と表すこともできる．真空に対する屈折率を**絶対屈折率**とも呼ぶ．

　光が屈折率 n_1 の物質 1 から屈折率 n_2 の物質 2 に進入するときの，入射角 θ_1 と屈折角 θ_2 の関係を表す式が**スネルの法則**である．電磁気学によって詳細を計算することができるが，ここでは簡単に波面の連続性からスネルの法則を導くことにする．

　図から明らかなとおり，波面が連続するためには，光が物質 1 の $d\sin\theta_1$ の距離を速さ c_1 で進む時間が，物質 2 の $d\sin\theta_2$ の距離を速さ c_2 で進む時間と一致しなければならない．よって

$$\frac{d\sin\theta_1}{c_1} = \frac{d\sin\theta_2}{c_2} \tag{7.30}$$

となるので，スネルの法則は

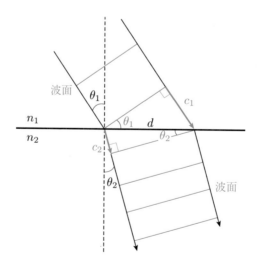

$$\frac{\sin\theta_1}{\sin\theta_2} = \frac{c_1}{c_2} = \frac{n_2}{n_1} = \frac{k_2}{k_1} \tag{7.31}$$

などと表すことができる．2つの物質の屈折率の比 $\frac{n_2}{n_1}$ を，物質1に対する物質2の**相対屈折率**とも呼ぶ．

　分散がある物質の場合は，光の波長（波数）によって屈折率が異なってくる．例えばガラスの場合は，長波長の赤色の方が短波長の紫色よりも屈折率が低いため，プリズムを通した白色光は七色に分かれて出てくる．

主虹と副虹

　虹は，空気中の水滴に光が分光されることで観測される現象である．水中でも，ガラスと同様に赤色の方が紫色よりも屈折率が低いという分散関係がある．普段よく目にする虹は主虹と呼ばれ，水滴に進入した光が水滴の反対側で一度だけ反射して出てきたものから成る．色の順番は，弧の外側が赤で内側が紫である．まれに主虹のさらに外側に薄い副虹が見えることがあるが，これは光が水滴の中で2回反射して出てきたものから成り，色の順番は内側が赤で外側が紫と，主虹とは逆順になる．

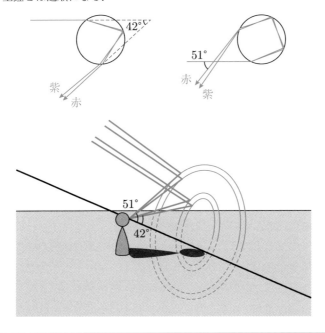

　光が，物質の異なる境界面を通過するとき，屈折だけでなく反射も起きる．
反射角が入射角と等しくなるのは，波面の連続性を考えると図の 2 本の青い矢
印の長さが等しくなるため，明らかである．

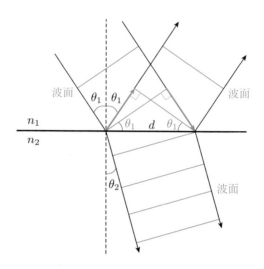

　光が屈折率の高い物質から低い物質に進入するときは，スネルの法則より屈
折角は入射角より大きくなるが，屈折角が 90° を超えてしまったらどうなるの
だろうか．その場合は，屈折光が存在できなくなり，反射光だけになってしま
う．これを**全反射**という．入射光は全て反射光となるので，反射時の損失が無
視できるぐらい小さければ，反射率は 100 % 近くになる．

　スネルの法則より，$\sin\theta_2 = 90°$ のとき，入射角は

$$\sin\theta_1 = \frac{n_2}{n_1} \tag{7.32}$$

となるので，これより大きい入射角では全反射が起きることになる．

　この仕組みを利用したのが光ファイバーである．光ファイバーは屈折率の高
い物質でできたコアと呼ばれる芯のまわりを，コアより屈折率の低いクラッド
と呼ばれる部分が囲んでいる構造になっている．コアに入射した光は，全反射
を繰り返しながらコア中を伝播していくので，光ファイバーは非常に低損失で
光信号を伝えることができる．最近は光ファイバーでできたクリスマスツリー
などのインテリアもあるが，これは安価で曲げやすく，損失も大きいプラス

チックファイバーを使用している．むき出しのファイバー側面は損失によりほのかに光っているが，切り口である先端は光が強いことが確認できる．

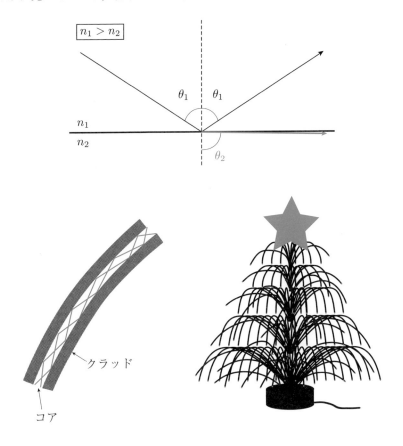

$\boxed{n_1 > n_2}$

クラッド

コア

7.5 干　　渉

　波動の特徴的な性質として，**干渉**がある．2つの波が重なり合うと，波の振幅が強め合って大きくなる地点と，弱め合って小さくなる地点が発生する．図のように2つの波源から発生する振幅の等しい波紋を重ね合わせると，波の山と山，谷と谷が重なり合って振幅が大きくなる部分と，波の山と谷が打ち消し合って振動しない部分が現れる．2つの波の振幅が異なる場合は，干渉の効果

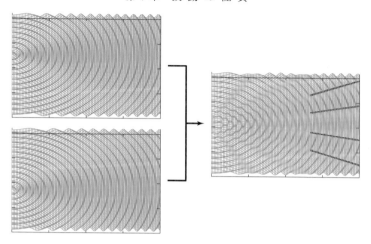

は薄れる．

　図では左端に 2 つの波源があるが，右側の波源から離れた領域を見ると，黒い線で示した位置は波が打ち消し合って振動をしていない．黒い線の間では波が強め合って大きな振幅になっている．

　弦の振動などの 1 次元の波動では，同じ振幅の進行波と後退波が重なり合うことで定在波が発生し，振幅の大きい腹の位置と振動をしない節の位置が現れたが，この原理は干渉と全く同じで，2 次元・3 次元に拡張したものが干渉といえる．

　波が強め合う／弱め合う条件とは何か．2 つの波源の振動の位相がそろっている場合，2 つの波源から等距離の位置も必ず同位相となるので，波が強め合うことになる．2 つの波源からの距離の差が 1 波長分異なる場合は，位相が 2π ずれることになるので，結果として同位相になり，波は強め合う．距離の差が半波長分異なる場合は，位相が π ずれることになり，逆位相となるので，波は打ち消し合う．まとめると，2 つの波源からの距離の差が波長 λ の整数倍の場合は波は強め合い，波長 λ の半整数倍の場合は波は打ち消し合う．

　具体的に強め合う／弱め合う条件を計算してみよう．図のように，2 つの波源が $y = \pm\frac{d}{2}$ の位置にあり，波源から x 方向に ℓ 離れた位置に y 方向に立てられたスクリーンがあるとする．このスクリーン上で波が強い位置と弱い位置を調べてみる．スクリーン上の y の位置から 2 つの波源までの距離 ℓ_1, ℓ_2 の差は

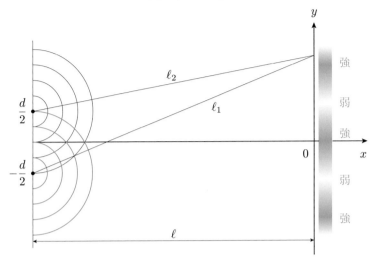

$$\ell_2 - \ell_1 = \sqrt{\ell^2 + \left(y + \frac{d}{2}\right)^2} - \sqrt{\ell^2 + \left(y - \frac{d}{2}\right)^2}$$

$$= \ell\sqrt{1 + \frac{(y + \frac{d}{2})^2}{\ell^2}} - \ell\sqrt{1 + \frac{(y - \frac{d}{2})^2}{\ell^2}}$$

となる.ここで,$h \ll 1$ のとき

$$(1 + h)^n \approx 1 + nh$$

の近似を利用すると

$$\ell_2 - \ell_1 = \ell\left\{1 + \frac{1}{2}\frac{(y + \frac{d}{2})^2}{\ell^2} - 1 - \frac{1}{2}\frac{(y - \frac{d}{2})^2}{\ell^2}\right\}$$

$$= \ell\left(\frac{dy + dy}{2\ell^2}\right)$$

$$= \frac{dy}{\ell}$$

したがって n を整数として,波が強め合う／弱め合う条件は以下のようになる.

$$\frac{dy}{\ell} = \begin{cases} n\lambda & \text{(強め合う)} \\ \frac{1}{2}(2n + 1)\lambda & \text{(弱め合う)} \end{cases} \tag{7.33}$$

　　波の干渉は音波でも起きるが，視覚的には水の波が一番分かりやすい．お風呂の中で両手の指の先を使って 2 か所から波紋を作り出せば，簡単に干渉の様子を観測することができる．

　　光も電磁波なので，当然干渉が起きる．シャボン玉や油膜が虹色に見えるのは，屈折と干渉が起きているからである．シャボン玉の膜の外側で反射した光と内側で反射した光の位相が 2π の整数倍異なるとき，反射光は強く見える．可視光は色によって波長が違うために同位相となる条件が変わるため，結果的に分光されてシャボン玉の表面が虹色に見えることがある．

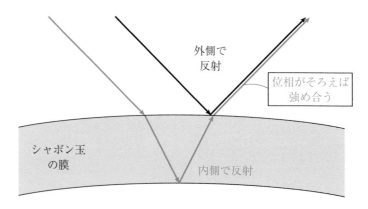

　　光の干渉は，レーザー光のように位相がかなりそろった光を用意することができれば，異なる波源からの光同士で干渉させることができる．しかし日常接する光源はそこまで位相がそろっていないため，光の干渉実験は古くから単一の光源から出た光を複数のスリットに通すことで干渉をさせていた．これを**ヤングの実験**と呼ぶ．特殊相対性理論のきっかけとなったマイケルソン–モーリーの実験も，この方法を用いている．

　　単一の光源から出た単色光が，波長より十分小さい幅の 2 つのスリットを通過すると，**ホイヘンスの原理**により，スリットからは球面波の形をした**素元波**が出ていると考えることができる．そのためスリットより先は 2 つの光源から生じた波が重ね合わさっていることになる．スリットより十分先にスクリーンを置くと，2 つのスリットからの光が強め合う場所と弱め合う場所ができるため，光の干渉縞を観測することができる．光の強め合う／弱め合う条件は，先ほど計算した結論と同じである．

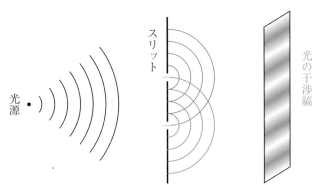

　光は電磁波という波だが，同時に粒子でなければ説明できない現象も起こす．光が波であるか粒子であるかは長い間議論されてきたが，現在では**量子論**の考え方により，波でありかつ粒子であるとされている．さらに，光に限らず物質は粒子と波動の二重性を持つことが分かっており，物質が小さければ小さいほど波動性を持つようになる．

　それでは，光を粒子として扱った場合は干渉縞はできるのだろうか．つまり光を一粒ずつ発射させた場合は，どちらかのスリットしか通らないはずだが，干渉縞はできるのだろうか．光に限らず，電子も十分に小さく波動性を持つので，実際には光よりも簡単に一粒ずつ発射できる電子銃が用いられた．

　結果はとても不思議なことに，電子銃で電子を一粒ずつ発射した場合でも，発射した電子の数を増やしていくと，スクリーン上に電子が当たりやすい部分と当たりにくい部分に分かれ，干渉縞は観測された．一粒の電子はどちらのスリットも同時に通過し，自分自身と干渉して干渉縞を作るということになってしまうが，これは量子論の考え方を用いれば説明がつく．量子論では波動関数 Ψ というものが導入され，波動関数の絶対値の2乗 $|\Psi|^2$ が，粒子の存在確率を表すことになる．2つのスリットがある条件で波動関数 Ψ を計算すると，スクリーン上での粒子の存在確率が高い部分と低い部分が求まり，干渉縞が発生することになる．

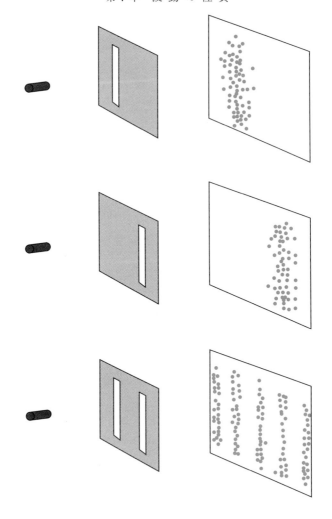

7.6　回 折 格 子

　波動は直進だけでなく**回折**もするため，壁で遮られた裏側にも音は届くし，光による影の輪郭はぼける．回折が起きる理由は，同じくホイヘンスの原理による素元波の考え方で説明できる．また回折による素元波の重ね合わせが同位相ならば波は強め合うことになる．

　ここでは，**回折格子**による分光について説明する．回折格子は，細かいスリットが一定の間隔で何本も並んでいるものである．回折格子に平面波が垂直に入射した場合に，垂直方向から θ の角度で回折した光を考える．スリットの間隔を d とすると，隣り合うスリットから出た光は，$d\sin\theta$ だけ進んだ距離が異なるので，この距離が光の波長 λ の整数倍ならば光は強め合う．したがって n を整数として，強い光が現れる角度の条件は以下のようになる．

$$d\sin\theta = n\lambda$$
$$\sin\theta = \frac{n\lambda}{d} \tag{7.34}$$

　$n = 0$ のとき，つまり直進する場合がどの波長でも最も光が強いが，$n = \pm1, \pm2, \ldots$ に相当する角度にも回折光が現れ，その角度は波長によって異なる．

回折格子

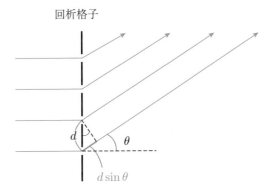

　回折格子は細かく並んだスリットでなくても，光を反射する面に等間隔で傷を入れたものでも成り立つ．傷の部分では光が散乱されてうまく反射されないので，傷のない部分がスリットの役割を果たす．CD や DVD はまさに一定間隔でデータが刻まれているので，回折格子となる．そして先ほど導出した回折光が強くなる条件は波長によって異なるので，光は分光され，CD や DVD の表面は虹色に見える．CD の溝の間隔は $1.6\,\mu\mathrm{m}$ で，DVD は情報量が多いのでもっと細かく $0.74\,\mu\mathrm{m}$ である．よって，d が小さい方が虹の幅は広くなるので，DVD に映る虹の方が CD より約 2 倍広がって見える．Blu-ray はさらに溝の間隔が狭く，$0.32\,\mu\mathrm{m}$ である．

CD や DVD に映る虹を比較するだけでも回折を確かめたことになるが，最近はレーザーポインターを入手しやすくなったため，レーザーと CD・DVD などを使って簡単に回折の実験ができる．CD・DVD の溝が円周方向に刻まれていることを考慮してレーザー光を当てると，いくつもの反射光を観測することができる．n が大きい反射光が広範囲に現れるので，実験の際にはレーザー光が目に当たらないように**細心の注意**を払ってほしい．

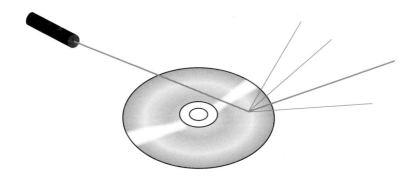

演 習 問 題

演習 7.1　救急車のサイレンの振動数は 770 Hz, 960 Hz である．観測者から速さ 20 m/s で遠ざかる救急車のサイレンは，観測者には振動数がいくつの音に聞こえるか．また，静止している救急車から観測者が速さ 20 m/s で遠ざかる場合は，救急車のサイレンは観測者には振動数がいくつの音に聞こえるか．音速を 340 m/s として，有効数字 2 桁で求めよ．

演習 7.2　観測者から速さ 1.0×10^8 m/s で遠ざかる星から発した波長 $0.50\,\mu$m の光は，観測者には波長がいくつとして観測されるか．光速を 3.0×10^8 m/s として，有効数字 2 桁で求めよ．

演習 7.3　波長 λ に比べて水深が十分深いときに水面を伝わる重力波（深水波）の位相速度 v は，重力加速度 g を用いて，$v = \sqrt{\dfrac{g\lambda}{2\pi}}$ と表せる．この波の群速度 v_g を求め，位相速度 v との関係を述べよ．

演習 7.4　ある波長の光に対して，水の屈折率が 1.33，ガラスの屈折率が 1.50 のとき，水とガラスの中での光の速さはそれぞれ真空中の光速の何 % か，有効数字 2 桁で答えよ．

演習 7.5　格子周波数 1000 本/mm の透過型回折格子に，波長 $0.53\,\mu$m のレーザー光を垂直に当てた．10 m 離れたスクリーン上では，最も強い透過光からどれだけ離れた位置で一番目の回折光が観測されるか．有効数字 2 桁で求めよ．

付　録

三角関数の公式

本文中で式変形に用いた三角関数の一連の公式と，その導出方法を簡単に紹介する.

三角関数の加法定理

$$\sin(\alpha \pm \beta) = \sin\alpha\cos\beta \pm \cos\alpha\sin\beta \tag{A.1}$$

$$\cos(\alpha \pm \beta) = \cos\alpha\cos\beta \mp \sin\alpha\sin\beta \tag{A.2}$$

　三角関数の加法定理の導出方法にはいくつかあるが，ベクトルの回転から求める方法を紹介する. まず前提として，図のように x-y 平面上でベクトル $(1,0)$ と $(0,1)$ を原点中心に反時計回りに角 α 回転させると，結果はそれぞれ以下のようになる.

$$(1,0) \quad \xrightarrow{\alpha回転} \quad (\cos\alpha, \sin\alpha)$$

$$(0,1) \quad \xrightarrow{\alpha回転} \quad (-\sin\alpha, \cos\alpha)$$

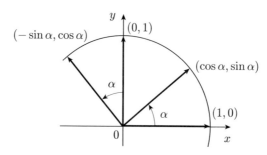

ここで図のようにベクトル $(\cos\alpha, \sin\alpha)$ を続けてさらに角 β 回転させると，合わせて角 $\alpha + \beta$ 回転させたことになるので，以下のようになる.

$$(1,0) \quad \xrightarrow{\alpha回転} \quad (\cos\alpha, \sin\alpha) \quad \xrightarrow{\beta回転} \quad \big(\cos(\alpha+\beta), \sin(\alpha+\beta)\big)$$

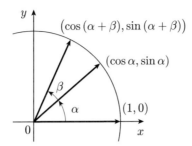

一方で，ベクトル $(\cos\alpha, \sin\alpha)$ は図のように $\boldsymbol{A} = (\cos\alpha, 0)$ と $\boldsymbol{B} = (0, \sin\alpha)$ に分解できるため，原点中心に β 回転させた結果は $\boldsymbol{A}, \boldsymbol{B}$ をそれぞれ β 回転させた結果 $\boldsymbol{A}', \boldsymbol{B}'$ のベクトル和と等しいはずである．

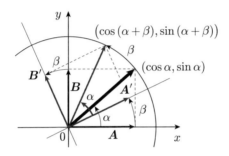

$$(1, 0) \quad \xrightarrow{\beta\text{回転}} \quad (\cos\beta, \sin\beta)$$

$$(0, 1) \quad \xrightarrow{\beta\text{回転}} \quad (-\sin\beta, \cos\beta)$$

であることから，以下のようになる．

$$\boldsymbol{A} = (\cos\alpha, 0) \quad \xrightarrow{\beta\text{回転}} \quad \boldsymbol{A}' = (\cos\alpha\cos\beta, \cos\alpha\sin\beta)$$

$$\boldsymbol{B} = (0, \sin\alpha) \quad \xrightarrow{\beta\text{回転}} \quad \boldsymbol{B}' = (-\sin\alpha\sin\beta, \sin\alpha\cos\beta)$$

上記のベクトル和が $\big(\cos(\alpha+\beta), \sin(\alpha+\beta)\big)$ と一致することから

$$\cos(\alpha+\beta) = \cos\alpha\cos\beta - \sin\alpha\sin\beta$$

$$\sin(\alpha+\beta) = \cos\alpha\sin\beta + \sin\alpha\cos\beta$$

となる．ここで β を $-\beta$ に置き換えると $\sin(-\beta) = -\sin\beta, \cos(-\beta) = \cos\beta$ となることから，

$$\cos(\alpha - \beta) = \quad \cos\alpha\cos\beta + \sin\alpha\sin\beta$$

$$\sin(\alpha - \beta) = -\cos\alpha\sin\beta + \sin\alpha\cos\beta$$

となる．以上の 4 式を整理することで，式 (A.1), (A.2) が求められた．

　三角関数の 2 倍角の公式，半角の公式，積和の公式，和積の公式は以下のように式変形することで求められる．

三角関数の 2 倍角の公式

$$\cos 2\alpha = \cos^2\alpha - \sin^2\alpha$$

$$= 1 - 2\sin^2\alpha \tag{A.3}$$

$$= 2\cos^2\alpha - 1 \tag{A.4}$$

式 (A.2) に $\beta = \alpha$ を代入すると

$$\cos(\alpha + \alpha) = \cos^2\alpha - \sin^2\alpha$$

が得られる．$\sin^2\alpha + \cos^2\alpha = 1$ より，式 (A.3), (A.4) が求まる．

三角関数の半角の公式

$$\sin^2\frac{\alpha}{2} = \frac{1 - \cos\alpha}{2} \tag{A.5}$$

$$\cos^2\frac{\alpha}{2} = \frac{1 + \cos\alpha}{2} \tag{A.6}$$

α を $\frac{\alpha}{2}$ に置き換えることで，式 (A.3), (A.4) からそれぞれ式 (A.5), (A.6) が求まる．

三角関数の積和の公式

$$\sin\alpha\cos\beta = \frac{1}{2}\big\{\sin(\alpha + \beta) + \sin(\alpha - \beta)\big\} \tag{A.7}$$

$$\cos\alpha\sin\beta = \frac{1}{2}\big\{\sin(\alpha + \beta) - \sin(\alpha - \beta)\big\} \tag{A.8}$$

$$\cos\alpha\cos\beta = \frac{1}{2}\big\{\cos(\alpha + \beta) + \cos(\alpha - \beta)\big\} \tag{A.9}$$

$$\sin\alpha\sin\beta = -\frac{1}{2}\big\{\cos(\alpha + \beta) - \cos(\alpha - \beta)\big\} \tag{A.10}$$

--- **三角関数の和積の公式** ---

$$\sin A + \sin B = 2 \sin \frac{A+B}{2} \cos \frac{A-B}{2} \qquad \text{(A.11)}$$

$$\sin A - \sin B = 2 \cos \frac{A+B}{2} \sin \frac{A-B}{2} \qquad \text{(A.12)}$$

$$\cos A + \cos B = 2 \cos \frac{A+B}{2} \cos \frac{A-B}{2} \qquad \text{(A.13)}$$

$$\cos A - \cos B = -2 \sin \frac{A+B}{2} \sin \frac{A-B}{2} \qquad \text{(A.14)}$$

式 (A.1) の 2 式の和と差, 式 (A.2) の 2 式の和と差をそれぞれとると

$$\sin(\alpha+\beta) + \sin(\alpha-\beta) = 2 \sin \alpha \cos \beta$$

$$\sin(\alpha+\beta) - \sin(\alpha-\beta) = 2 \cos \alpha \sin \beta$$

$$\cos(\alpha+\beta) + \cos(\alpha-\beta) = 2 \cos \alpha \cos \beta$$

$$\cos(\alpha+\beta) - \cos(\alpha-\beta) = -2 \sin \alpha \sin \beta$$

以上の 4 式より, 式 (A.7)–(A.10) が求まる. また, $A = \alpha + \beta, B = \alpha - \beta$ と置き換えることで式 (A.11)–(A.14) が求まる.

演習問題解答

● **第1章**

演習 1.1 それぞれのばねから復元力 $-ku$ を受けるので，$F = -2ku$ となる．よって運動方程式は

$$m\frac{d^2u}{dt^2} = -2ku$$

となるので，$\omega = \sqrt{\frac{2k}{m}}$．

演習 1.2 単振り子の近似式 (1.21) より，振り子の周期 T は振り子の長さ ℓ と重力加速度 g を用いて

$$T = 2\pi\sqrt{\frac{\ell}{g}} = 2\pi\sqrt{\frac{1.0\,\mathrm{m}}{9.8\,\mathrm{m/s}^2}} = 2.0\,\mathrm{s}$$

演習 1.3 この電気振動の振動数 f は

$$f = \frac{1}{2\pi\sqrt{LC}} = \frac{1}{2\pi\sqrt{10^{-8} \times 10^{-10}}} = 1.6 \times 10^8 = 160\,\mathrm{MHz}$$

演習 1.4 インダクタンスの磁気エネルギー $\frac{1}{2}Li^2$ とコンデンサーの静電エネルギー $\frac{1}{2}Cv^2$ の和は，式 (1.30) と $\omega = \frac{1}{\sqrt{LC}}$ より

$$\frac{1}{2}L(-q_0\omega\sin\omega t)^2 + \frac{1}{2}C\left(\frac{q_0}{C}\cos\omega t\right)^2 = \frac{q_0^2}{2C}$$

と一定値となる．この値は，はじめにコンデンサーに溜まっていた静電エネルギーと一致する．

演習 1.5 物体の質量を m，地球の中心からの位置を r とする．また，万有引力定数を G，地球の質量を M_E，半径を r_E とする．物体にはたらく重力は半径 r の球体内の質量（M とする）が全て球の中心に集まったときに受ける重力と同じなので，運動方程式は

$$m\frac{d^2r}{dt^2} = -G\frac{Mm}{r^2} = -GM_\mathrm{E}\frac{\frac{4\pi}{3}r^3}{\frac{4\pi}{3}r_\mathrm{E}^3}\frac{m}{r^2} = -G\frac{M_\mathrm{E}m}{r_\mathrm{E}^3}r$$

ここで地表での重力加速度 g と万有引力の式を比較すると

$$g = G\frac{M_{\mathrm{E}}}{r_{\mathrm{E}}^2}$$

となるので，GM_{E} を消去すると以下の微分方程式になる．

$$\frac{d^2 r}{dt^2} = -\frac{g}{r_{\mathrm{E}}}r$$

よってこの物体は日本とブラジルの間を単振動することになり，その周期 T は

$$T = 2\pi\sqrt{\frac{r_{\mathrm{E}}}{g}}$$

となる．$2\pi r_{\mathrm{E}} = 4.0 \times 10^7$ m を用いて計算すると，$T = 84$ 分となる．日本からブラジルに到達する時間は振動の半周期なので，答えは 42 分．

　静かに落とすだけなのでエネルギーは全く使わず，ブラジルに達したときの速度もちょうど 0 となる．

● 第 2 章

演習 2.1 おもりの質量を m，長さを ℓ，空気抵抗の比例定数を γ とすると，式 (1.18) を参考にして，おもりの弧に沿った（θ 方向の）運動方程式は以下のようになる．

$$m\ell\frac{d^2\theta}{dt^2} = -mg\sin\theta - \gamma\ell\frac{d\theta}{dt} \approx -mg\theta - \gamma\ell\frac{d\theta}{dt}$$

$$\frac{d^2\theta}{dt^2} + \frac{\gamma}{m}\frac{d\theta}{dt} + \frac{g}{\ell}\theta = 0$$

式 (2.3) と比較すると，時定数の逆数 b を用いて $\gamma = 2bm$ となる．ここで，$\tau = 200$ 秒後に振幅が半分になったので，$e^{-b\tau} = 0.5$ より $b = \frac{\log_e 2}{\tau}$，よって

$$\gamma = 2\frac{\log_e 2}{\tau}m = 2 \times \frac{0.693}{200} \times 0.10 = 6.9 \times 10^{-4}\,\mathrm{kg/s}$$

演習 2.2 (1) 式 (2.10), (2.20), (2.21) より，この減衰振動の角振動数 ω は

$$\omega = \sqrt{\omega_0^2 - b^2} = \sqrt{\frac{1}{LC} - \frac{R^2}{4L^2}}$$

なので，振動数は

$$\frac{\omega}{2\pi} = \frac{1}{2\pi}\sqrt{\frac{1}{10^{-8} \times 10^{-10}} - \frac{100}{4 \times 10^{-16}}} = 1.4 \times 10^8 = 140\,\mathrm{MHz}$$

時定数 b^{-1} は

$$\frac{2L}{R} = \frac{2 \times 10^{-8}}{10} = 2.0 \,\text{ns}$$

(2) この回路の共振角振動数 ω_{F} は,

$$\omega_{\text{F}} = \sqrt{\omega_0^2 - 2b^2} = \sqrt{\frac{1}{LC} - \frac{R^2}{2L^2}}$$

なので, 共振振動数は

$$\frac{\omega_{\text{F}}}{2\pi} = \frac{1}{2\pi} \sqrt{\frac{1}{10^{-8} \times 10^{-10}} - \frac{100}{2 \times 10^{-16}}} = 1.1 \times 10^8 = 110\,\text{MHz}$$

(3) $\omega_0 = b$ となるようにすればいいので

$$R = 2\sqrt{\frac{L}{C}} = 2\sqrt{\frac{10^{-8}}{10^{-10}}} = 20\,\Omega$$

演習 2.3 (1) 例題 1.3 で示したように, おもりはつり合いの位置を中心として単振動する. これにばねの上端を上下させたときの伸びが加わるので, おもりの運動方程式は

$$m\frac{d^2x}{dt^2} = -k(x - \delta \sin \omega_{\text{F}} t)$$

$$\frac{d^2x}{dt^2} + \frac{k}{m}x = \frac{k}{m}\delta \sin \omega_{\text{F}} t$$

$$\frac{d^2x}{dt^2} + \omega_0^2 x = \omega_0^2 \delta \sin \omega_{\text{F}} t$$

となる. 特解を $x(t) = A_{\text{F}} \sin(\omega_{\text{F}} t + \phi_{\text{F}})$ の形と仮定して運動方程式に代入すると

$$-\omega_{\text{F}}^2 A_{\text{F}} \sin(\omega_{\text{F}} t + \phi_{\text{F}}) + \omega_0^2 A_{\text{F}} \sin(\omega_{\text{F}} t + \phi_{\text{F}}) = \omega_0^2 \delta \sin \omega_{\text{F}} t$$

$$(\omega_0^2 - \omega_{\text{F}}^2) A_{\text{F}} \sin(\omega_{\text{F}} t + \phi_{\text{F}}) = \omega_0^2 \delta \sin \omega_{\text{F}} t$$

よって $\phi_{\text{F}} = 0, A_{\text{F}} = \frac{\omega_0^2 \delta}{\omega_0^2 - \omega_{\text{F}}^2}$ が分かるので, 特解は

$$x(t) = \frac{\omega_0^2 \delta}{\omega_0^2 - \omega_{\text{F}}^2} \sin \omega_{\text{F}} t$$

と求まる. 一般解は, 特解に運動方程式の $\sin \omega_{\text{F}} t$ の項が 0 だった場合の解を加えたものなので, 定数 A, ϕ を用いて以下のように表せる.

$$x(t) = \frac{\omega_0^2 \delta}{\omega_0^2 - \omega_{\text{F}}^2} \sin \omega_{\text{F}} t + A \sin(\omega_0 t + \phi)$$

(2) 共鳴状態となり, δ がわずかだったとしても振動の振幅は無限に大きくなりえる. ただし実際にはばねの長さが有限のため, 振幅が無限となることはない.

● 第3章

演習 3.1 (1) 2つの質点の運動方程式はそれぞれ

$$m\frac{d^2u_1}{dt^2} = -ku_1 + 2k(u_2 - u_1)$$

$$m\frac{d^2u_2}{dt^2} = -ku_2 - 2k(u_2 - u_1)$$

$\omega_0 = \sqrt{\frac{k}{m}}$ を用いて

$$\frac{d^2u_1}{dt^2} = \omega_0^2(-3u_1 + 2u_2)$$

$$\frac{d^2u_2}{dt^2} = \omega_0^2(\ 2u_1 - 3u_2)$$

となる. 2式の和と差をとると

$$\frac{d^2}{dt^2}(u_1 + u_2) = -\omega_0^2(u_1 + u_2)$$

$$\frac{d^2}{dt^2}(u_1 - u_2) = -5\omega_0^2(u_1 - u_2)$$

よって，基準振動の角振動数は $\omega_{1,2} = \omega_0, \sqrt{5}\,\omega_0$ である.

(2) 2つの質点の運動方程式はそれぞれ

$$m\frac{d^2u_1}{dt^2} = -3ku_1 + k(u_2 - u_1)$$

$$m\frac{d^2u_2}{dt^2} = -ku_2 - k(u_2 - u_1)$$

(1) と同じように $\omega_0 = \sqrt{\frac{k}{m}}$ とおくと

$$\frac{d^2u_1}{dt^2} = \omega_0^2(-4u_1 + u_2)$$

$$\frac{d^2u_2}{dt^2} = \omega_0^2(\ u_1 - 2u_2)$$

となる. 行列で書き直すと

$$\frac{d^2}{dt^2}\begin{pmatrix} u_1 \\ u_2 \end{pmatrix} = \omega_0^2 \begin{pmatrix} -4 & 1 \\ 1 & -2 \end{pmatrix}\begin{pmatrix} u_1 \\ u_2 \end{pmatrix}$$

基準振動の角振動数 $\omega = \sqrt{\alpha}\,\omega_0$ とすると

$$\begin{vmatrix} \alpha - 4 & 1 \\ 1 & \alpha - 2 \end{vmatrix} = 0$$

$$(\alpha - 4)(\alpha - 2) - 1 = \alpha^2 - 6\alpha + 7 = 0$$

$$\alpha = 3 \pm \sqrt{2}$$

よって，基準振動の角振動数 $\omega_{1,2} = \sqrt{3 - \sqrt{2}}\,\omega_0, \sqrt{3 + \sqrt{2}}\,\omega_0$ である．

演習 3.2 ばねの弾性エネルギーの合計 U は

$$
\begin{aligned}
U &= \frac{1}{2}k\{u_1^2 + (u_2 - u_1)^2 + u_2^2\} \\
&= \frac{1}{2}k[\{A_1\sin(\omega_0 t + \phi_1) + A_2\sin(\sqrt{3}\,\omega_0 t + \phi_2)\}^2 + 4A_2^2\sin^2(\sqrt{3}\,\omega_0 t + \phi_2) \\
&\quad + \{A_1\sin(\omega_0 t + \phi_1) - A_2\sin(\sqrt{3}\,\omega_0 t + \phi_2)\}^2] \\
&= k\{A_1^2\sin^2(\omega_0 t + \phi_1) + 3A_2^2\sin^2(\sqrt{3}\,\omega_0 t + \phi_2)\}
\end{aligned}
$$

運動エネルギーの合計 K は

$$
\begin{aligned}
K &= \frac{1}{2}m\left\{\left(\frac{du_1}{dt}\right)^2 + \left(\frac{du_2}{dt}\right)^2\right\} \\
&= \frac{1}{2}m[\{\omega_0 A_1\cos(\omega_0 t + \phi_1) + \sqrt{3}\,\omega_0 A_2\cos(\sqrt{3}\,\omega_0 t + \phi_2)\}^2 \\
&\quad + \{\omega_0 A_1\cos(\omega_0 t + \phi_1) - \sqrt{3}\,\omega_0 A_2\cos(\sqrt{3}\,\omega_0 t + \phi_2)\}^2] \\
&= m\omega_0^2\{A_1^2\cos^2(\omega_0 t + \phi_1) + 3A_2^2\cos^2(\sqrt{3}\,\omega_0 t + \phi_2)\}
\end{aligned}
$$

$\omega_0^2 = \frac{k}{m}$ より

$$U + K = k(A_1^2 + 3A_2^2)$$

と一定値となり，力学的エネルギーは保存される．

演習 3.3 4つの質点の運動方程式はそれぞれ

$$
\begin{aligned}
m\frac{d^2 u_1}{dt^2} &= -k(u_1 - u_4) + k(u_2 - u_1) \\
m\frac{d^2 u_2}{dt^2} &= -k(u_2 - u_1) + k(u_3 - u_2) \\
m\frac{d^2 u_2}{dt^2} &= -k(u_3 - u_2) + k(u_4 - u_3) \\
m\frac{d^2 u_2}{dt^2} &= -k(u_4 - u_3) + k(u_1 - u_4)
\end{aligned}
$$

$\omega_0 = \sqrt{\frac{k}{m}}$ を用いて

$$\frac{d^2 u_1}{dt^2} = \omega_0^2(-2u_1 + u_2 \quad + u_4) \tag{1}$$

$$\frac{d^2 u_2}{dt^2} = \omega_0^2(\quad u_1 - 2u_2 + u_3 \quad) \tag{2}$$

$$\frac{d^2 u_3}{dt^2} = \omega_0^2(\quad + u_2 - 2u_3 + u_4) \tag{3}$$

$$\frac{d^2 u_4}{dt^2} = \omega_0^2(\quad u_1 \quad + u_3 - 2u_4) \tag{4}$$

となる. 式 (1)+(2)+(3)+(4) より

$$\frac{d^2}{dt^2}(u_1 + u_2 + u_3 + u_4) = 0$$

これは 4 つの質点の平均位置が等速で回転, もしくは静止している運動を表す.

式 (1)−(2)+(3)−(4) より

$$\frac{d^2}{dt^2}(u_1 - u_2 + u_3 - u_4) = -4\omega_0^2(u_1 - u_2 + u_3 - u_4)$$

この基準振動の角振動数は $2\omega_0$ で, 質点 1, 3 と質点 2, 4 が互いに逆回りに動く運動である.

式 (1)−(3)および式(2)−(4) より

$$\frac{d^2}{dt^2}(u_1 - u_3) = -2\omega_0^2(u_1 - u_3)$$

$$\frac{d^2}{dt^2}(u_2 - u_4) = -2\omega_0^2(u_2 - u_4)$$

この 2 種の基準振動の角振動数は等しく $\sqrt{2}\,\omega_0$ で, それぞれ 1 と 3, 2 と 4 が互いに逆回りに動く運動である.

演習 3.4

$$\omega_n = 2\omega_0 \sin \frac{n\pi}{2(N+1)}$$

に $N = 5$ を代入すると

$$\omega_n = 2\omega_0 \sin \frac{\pi}{12}, 2\omega_0 \sin \frac{\pi}{6}, 2\omega_0 \sin \frac{\pi}{4}, 2\omega_0 \sin \frac{\pi}{3}, 2\omega_0 \sin \frac{5\pi}{12}$$

$$= \sqrt{2 - \sqrt{3}}\,\omega_0, \omega_0, \sqrt{2}\,\omega_0, \sqrt{3}\,\omega_0, \sqrt{2 + \sqrt{3}}\,\omega_0$$

● 第4章

演習 4.1 $f = \frac{1}{2L}\sqrt{\frac{T}{\sigma}}$ より

$$440 = \frac{1}{2 \times 0.33}\sqrt{\frac{T}{7.0 \times 10^{-4}}}$$
$$T = 59\,\mathrm{N}$$

演習 4.2 $f = \frac{1}{4L}\sqrt{\frac{K}{\rho}}$ より

$$f = \frac{1}{4 \times 0.20}\sqrt{\frac{1.4 \times 10^5}{1.2}} = 430\,\mathrm{Hz}$$

演習 4.3 $u(x) = x^2$ は偶関数なのでフーリエ余弦級数展開となり，$L = 1$ より

$$u(x) = \frac{B_0}{2} + \sum_{n=1}^{\infty} B_n \cos n\pi x$$

と表すことができる．$n = 0$ のとき

$$B_0 = \int_{-1}^{1} x^2\,dx = \left[\frac{x^3}{3}\right]_{-1}^{1} = \frac{2}{3}$$

$n \geq 1$ のとき，B_n は部分積分を用いて

$$\begin{aligned}
B_n &= \int_{-1}^{1} x^2 \cos n\pi x\,dx \\
&= \left[\frac{x^2}{n\pi}\sin n\pi x\right]_{-1}^{1} - \frac{2}{n\pi}\int_{-1}^{1} x \sin n\pi x\,dx \\
&= -\frac{2}{n\pi}\left(\left[-\frac{x}{n\pi}\cos n\pi x\right]_{-1}^{1} + \frac{1}{n\pi}\int_{-1}^{1}\cos n\pi x\,dx\right) \\
&= \begin{cases} -\dfrac{4}{n^2\pi^2} & (n \text{ が奇数}) \\[2mm] \dfrac{4}{n^2\pi^2} & (n \text{ が偶数}) \end{cases}
\end{aligned}$$

したがって，$u(x) = x^2$ は次のようにフーリエ級数展開される．

$$u(x) = \frac{1}{3} - \frac{4}{\pi^2}\left(\cos \pi x - \frac{1}{4}\cos 2\pi x + \frac{1}{9}\cos 3\pi x - \cdots\right)$$

演習 4.4 $n = m$ のとき

$$\int_{-\pi}^{\pi} e^{inx}e^{-imx}\,dx = \int_{-\pi}^{\pi} dx = 2\pi$$

$n \neq m$ のとき

$$
\begin{aligned}
\int_{-\pi}^{\pi} e^{inx} e^{-imx}\, dx &= \frac{1}{i(n-m)} \left[e^{i(n-m)x} \right]_{-\pi}^{\pi} \\
&= \frac{1}{i(n-m)} \left\{ e^{i(n-m)\pi} - e^{-i(n-m)\pi} \right\} \\
&= \frac{2}{n-m} \sin(n-m)\pi \\
&= 0
\end{aligned}
$$

演習 4.5　複素フーリエ級数展開の式 (4.42) で $L = 1$ なので

$$
C_n = \frac{1}{2} \int_{-1}^{1} x\, e^{-in\pi x}\, dx
$$

$n = 0$ のとき

$$
C_0 = \frac{1}{2} \int_{-1}^{1} x\, dx = 0
$$

$n \neq 0$ のとき，部分積分を用いて

$$
\begin{aligned}
C_n &= \frac{1}{2} \left[\frac{x}{-in\pi} e^{-in\pi x} \right]_{-1}^{1} - \frac{1}{2} \int_{-1}^{1} e^{-in\pi x}\, dx \\
&= \frac{i}{2n\pi} \left(e^{-in\pi} + e^{in\pi} \right) + \frac{1}{2} \left[\frac{1}{in\pi} e^{-in\pi x} \right]_{-1}^{1} \\
&= \frac{i}{2n\pi} \{ (-1)^n + (-1)^n \} + \frac{1}{2in\pi} \{ (-1)^n - (-1)^n \} \\
&= \frac{i(-1)^n}{n\pi}
\end{aligned}
$$

したがって以下のように複素フーリエ級数展開できる.

$$
x = \sum_{\substack{n=-\infty \\ n \neq 0}}^{\infty} \frac{i(-1)^n}{n\pi}\, e^{in\pi x}
$$

これを変形すると

$$
\begin{aligned}
x &= \sum_{n=1}^{\infty} \frac{i(-1)^n}{n\pi}\, e^{in\pi x} + \sum_{n=-1}^{-\infty} \frac{i(-1)^n}{n\pi}\, e^{in\pi x} \\
&= \sum_{n=1}^{\infty} \frac{i(-1)^n}{n\pi}\, e^{in\pi x} + \sum_{n=1}^{\infty} \frac{i(-1)^{-n}}{-n\pi}\, e^{-in\pi x} \\
&= \sum_{n=1}^{\infty} \frac{i(-1)^n}{n\pi} (e^{in\pi x} - e^{-in\pi x})
\end{aligned}
$$

$$= \sum_{n=1}^{\infty} \frac{2(-1)^{n+1}}{n\pi} \sin n\pi x$$

$$= \frac{2}{\pi} \left(\sin \pi x - \frac{1}{2} \sin 2\pi x + \frac{1}{3} \sin 3\pi x - \cdots \right)$$

● 第5章

演習 5.1　$v = \sqrt{\frac{K}{\rho}}$ より

$$空気中：\quad v = \sqrt{\frac{1.4 \times 10^5}{1.2}} = 340 \,\mathrm{m/s}$$

$$水中：\quad v = \sqrt{\frac{2.2 \times 10^9}{1000}} = 1500 \,\mathrm{m/s}$$

演習 5.2　P 波の伝播速度 $v = \sqrt{\frac{E}{\rho}}$, S 波の伝播速度 $v = \sqrt{\frac{G}{\rho}}$ より

$$P 波：\quad v = \sqrt{\frac{210 \times 10^9}{7.9 \times 10^3}} = 5200 \,\mathrm{m/s}$$

$$S 波：\quad v = \sqrt{\frac{80 \times 10^9}{7.9 \times 10^3}} = 3200 \,\mathrm{m/s}$$

演習 5.3　$x = 0$ に固定端，$x = L$ に自由端があるときに変位 $u(x,t)$ が満たすべき条件はそれぞれ

$$u(x,t) = f(x - vt) - f(-x - vt) \tag{1}$$

$$u(x,t) = f(x - vt) + f(2L - x - vt) \tag{2}$$

式 (4.26) の基準モード n の式は，$k = \frac{(2n-1)\pi}{2L}$ として

$$u(x,t) = A_n \sin kx \sin(kvt + \phi_n)$$
$$= \frac{A_n}{2} \cos\{k(x - vt) - \phi_n\} - \frac{A_n}{2} \cos\{k(x + vt) + \phi_n\}$$

$f(\xi) = \frac{A_n}{2} \cos(k\xi - \phi_n)$ とすると

$$f(x - vt) = \frac{A_n}{2} \cos\{k(x - vt) - \phi_n\}$$
$$-f(-x - vt) = -\frac{A_n}{2} \cos\{k(-x - vt) - \phi_n\}$$
$$= -\frac{A_n}{2} \cos\{k(x + vt) + \phi_n\}$$

$$f(2L - x - vt) = \frac{A_n}{2}\cos\{k(2L - x - vt) - \phi_n\}$$

$$= \frac{A_n}{2}\cos\{(2n - 1)\pi - k(x + vt) - \phi_n\}$$

$$= -\frac{A_n}{2}\cos\{k(x + vt) + \phi_n\}$$

よって (1), (2) の条件を満たす.

演習 5.4　フーリエ変換の式 (5.30) より

$$U(k) = \int_{-\infty}^{\infty} u(x)\, e^{-ikx}\, dx = \int_{-\infty}^{\infty} u(x)(\cos kx - i\sin kx)\, dx$$

$$= \int_{-\infty}^{\infty} u(x)\cos kx\, dx - i\int_{-\infty}^{\infty} u(x)\sin kx\, dx$$

1 項目がフーリエ余弦変換, 2 項目がフーリエ正弦変換である. 同様にして逆変換は

$$u(x) = \frac{1}{2\pi}\int_{-\infty}^{\infty} U(k)\, e^{ikx}\, dk = \frac{1}{2\pi}\int_{-\infty}^{\infty} U(k)(\cos kx + i\sin kx)\, dk$$

$$= \frac{1}{2\pi}\int_{-\infty}^{\infty} U(k)\cos kx\, dk + \frac{i}{2\pi}\int_{-\infty}^{\infty} U(k)\sin kx\, dk$$

演習 5.5　(1)

$$F(k) = \int_{-\infty}^{\infty} e^{-a|x|} \cdot e^{-ikx}\, dx$$

$$= \int_{0}^{\infty} e^{-(a+ik)x}\, dx + \int_{-\infty}^{0} e^{(a-ik)x}\, dx$$

$$= -\left[\frac{e^{-(a+ik)x}}{a + ik}\right]_{0}^{\infty} + \left[\frac{e^{(a-ik)x}}{a - ik}\right]_{-\infty}^{0}$$

$$= \frac{1}{a + ik} + \frac{1}{a - ik}$$

$$= \frac{2a}{a^2 + k^2}$$

(2)

$$F(k) = \int_{-a}^{a} \frac{1}{2a}\, e^{-ikx}\, dx$$

$$= -\frac{1}{2iak}(e^{-iak} - e^{iak})$$

$$= \frac{\sin ak}{ak}$$

(3)

$$F(k) = \lim_{a\to +0} \frac{\sin ak}{ak} = 1$$

● 第6章

演習 6.1 波源を原点にとると，波動を表す式 u は二次元平面上で原点からの距離 $r = \sqrt{x^2 + y^2}$ のみに依存するはずである．r を x で偏微分すると

$$\frac{\partial r}{\partial x} = \frac{2x}{2\sqrt{x^2 + y^2}} = \frac{x}{r}$$

よって，x による偏微分，2 階偏微分は

$$\frac{\partial}{\partial x} = \frac{\partial r}{\partial x}\frac{\partial}{\partial r} = \frac{x}{r}\frac{\partial}{\partial r}$$

$$\frac{\partial^2}{\partial x^2} = \frac{\partial}{\partial x}\left(\frac{x}{r}\frac{\partial}{\partial r}\right) = x\frac{\partial}{\partial x}\left(\frac{1}{r}\frac{\partial}{\partial r}\right) + \frac{1}{r}\frac{\partial}{\partial r}$$

$$= \frac{x^2}{r}\frac{\partial}{\partial r}\left(\frac{1}{r}\frac{\partial}{\partial r}\right) + \frac{1}{r}\frac{\partial}{\partial r}$$

y による 2 階偏微分も同様に計算できる．ラプラシアン $\Delta = \frac{\partial^2}{\partial x^2} + \frac{\partial^2}{\partial y^2}$ は

$$\Delta = \frac{x^2 + y^2}{r}\frac{\partial}{\partial r}\left(\frac{1}{r}\frac{\partial}{\partial r}\right) + \frac{2}{r}\frac{\partial}{\partial r}$$

$$= r\left(\frac{1}{r}\frac{\partial^2}{\partial r^2} - \frac{1}{r^2}\frac{\partial}{\partial r}\right) + \frac{2}{r}\frac{\partial}{\partial r}$$

$$= \frac{\partial^2}{\partial r^2} + \frac{1}{r}\frac{\partial}{\partial r}$$

ここで，$\sqrt{r}\,u$ という関数を考える．

$$\frac{\partial^2}{\partial r^2}(\sqrt{r}\,u) = \frac{\partial}{\partial r}\left(\sqrt{r}\,\frac{\partial u}{\partial r} + \frac{u}{2\sqrt{r}}\right)$$

$$= \sqrt{r}\,\frac{\partial^2 u}{\partial r^2} + \frac{1}{\sqrt{r}}\frac{\partial u}{\partial r} - \frac{u}{4\sqrt{r^3}}$$

$$= \sqrt{r}\left(\frac{\partial^2}{\partial r^2} + \frac{1}{r}\frac{\partial}{\partial r}\right)u$$

$$= \sqrt{r}\,\Delta u$$

ただし，$\frac{u}{4\sqrt{r^3}}$ の項は十分に小さいとして無視した．よって，波動方程式 $\frac{\partial^2 u}{\partial t^2} = v^2\Delta u$ の両辺に $\sqrt{r}$ をかけると，以下のように変形できる．

$$\frac{\partial^2}{\partial t^2}(\sqrt{r}\,u) = v^2\sqrt{r}\,\Delta u = v^2\frac{\partial^2}{\partial r^2}(\sqrt{r}\,u)$$

よって，ダランベールの解から進行波を選ぶと

$$\sqrt{r}\,u = f(r - vt)$$
$$u(r,t) = \frac{1}{\sqrt{r}} f(r - vt)$$

演習 6.2

$$A \sin k_x x \sin k_y y \sin(\omega t + \phi_t)$$
$$= -\frac{A}{2} \{\cos(k_x x + k_y y) - \cos(k_x x - k_y y)\} \sin(\omega t + \phi_t)$$
$$= \frac{A}{4} \{\sin(k_x x + k_y y - \omega t - \phi_t) - \sin(k_x x + k_y y + \omega t + \phi_t)$$
$$+ \sin(k_x x - k_y y - \omega t - \phi_t) - \sin(k_x x - k_y y + \omega t + \phi_t)\}$$

各項の伝播方向は，$(k_x, k_y), (-k_x, -k_y), (k_x, -k_y), (-k_x, k_y)$ となる.

演習 6.3　(1)　微小区間の弦の質量は $\sigma \Delta x$，振動の速さは $\frac{\partial u}{\partial t}$ なので

$$K \Delta x = \frac{1}{2} \sigma \Delta x \left(\frac{\partial u}{\partial t}\right)^2$$
$$K = \frac{1}{2} \sigma \left(\frac{\partial u}{\partial t}\right)^2$$

(2)　微小区間の弦の長さは Δx から $\sqrt{\Delta x^2 + \{u(x + \Delta x) - u(x)\}^2}$ まで伸びているので

$$U \Delta x = T \left\{ \sqrt{\Delta x^2 + (u(x + \Delta x) - u(x))^2} - \Delta x \right\}$$
$$= T \Delta x \left\{ \sqrt{1 + \left(\frac{u(x + \Delta x) - u(x)}{\Delta x}\right)^2} - 1 \right\}$$
$$\approx \frac{1}{2} T \Delta x \left(\frac{\partial u}{\partial x}\right)^2$$
$$U \approx \frac{1}{2} T \left(\frac{\partial u}{\partial x}\right)^2$$

演習 6.4

$$\frac{\partial \mathcal{E}}{\partial t} = \frac{\partial}{\partial t} \left(\frac{\varepsilon_0}{2} \boldsymbol{E} \cdot \boldsymbol{E} + \frac{1}{2\mu_0} \boldsymbol{B} \cdot \boldsymbol{B}\right)$$
$$= \varepsilon_0 \boldsymbol{E} \cdot \frac{\partial \boldsymbol{E}}{\partial t} + \frac{1}{\mu_0} \boldsymbol{B} \cdot \frac{\partial \boldsymbol{B}}{\partial t}$$
$$= c^2 \varepsilon_0 \boldsymbol{E} \cdot (\boldsymbol{\nabla} \times \boldsymbol{B}) - \frac{1}{\mu_0} \boldsymbol{B} \cdot (\boldsymbol{\nabla} \times \boldsymbol{E})$$

$$= -\frac{1}{\mu_0}\{\boldsymbol{B}\cdot(\boldsymbol{\nabla}\times\boldsymbol{E}) - \boldsymbol{E}\cdot(\boldsymbol{\nabla}\times\boldsymbol{B})\}$$
$$= -\frac{1}{\mu_0}\boldsymbol{\nabla}\cdot(\boldsymbol{E}\times\boldsymbol{B})$$
$$= -\boldsymbol{\nabla}\cdot\boldsymbol{S}$$

ポインティング・ベクトル $\boldsymbol{S}$ は，電磁波のエネルギーの流れを表す.

演習 6.5

$$\frac{\frac{c}{2}+\frac{c}{2}}{1+\frac{c}{2}\frac{c}{2}\frac{1}{c^2}} = \frac{4}{5}c$$

地表から見た物体の速さは光速の 80% となる.

● 第 7 章

演習 7.1 $f' = \frac{v}{v-V_{\mathrm{s}}}f, v = 340\,\mathrm{m/s}, V_{\mathrm{s}} = -20\,\mathrm{m/s}$ より

$$\frac{340}{340+20}\times 770 = 730\,\mathrm{Hz}, \quad \frac{340}{340+20}\times 960 = 910\,\mathrm{Hz}$$

$f' = \frac{v-V_{\mathrm{o}}}{v}f, v = 340\ \mathrm{m/s}, V_{\mathrm{o}} = 20\ \mathrm{m/s}$ より

$$\frac{340-20}{340}\times 770 = 720\,\mathrm{Hz}, \quad \frac{340-20}{340}\times 960 = 900\,\mathrm{Hz}$$

演習 7.2 光速を c とすると，観測者と星は速さ $\frac{c}{3}$ で遠ざかっている．$\lambda' = \sqrt{\frac{c+V}{c-V}}\lambda$ より，

$$\lambda' = \sqrt{\frac{c+\frac{c}{3}}{c-\frac{c}{3}}}\times 0.50 = \sqrt{2}\times 0.50 = 0.71\ \mu\mathrm{m}$$

演習 7.3 波数 $k = \frac{2\pi}{\lambda}$ を用いて $v = \sqrt{\frac{g}{k}}$, $\omega = vk = \sqrt{gk}$ と表せる．よって

$$v_{\mathrm{g}} = \frac{d\omega}{dk} = \frac{1}{2}\sqrt{\frac{g}{k}} = \frac{1}{2}v$$

群速度 v_{g} は位相速度 v の $\frac{1}{2}$ である.

演習 7.4 水中：$\frac{1}{1.33} = 0.75 = 75\%$
ガラス中：$\frac{1}{1.50} = 0.67 = 67\%$

演習 7.5 式 (7.34) より一番目の回折光の角度 θ は

$$\theta = \arcsin\frac{0.53\,\mu\mathrm{m}}{1.0\,\mu\mathrm{m}} = 0.559\,\mathrm{rad}$$

よって，最も強い透過光と一番目の回折光のスクリーン上での距離は

$$10\,\mathrm{m}\times\tan\theta = 6.3\,\mathrm{m}$$

索　引

山田琢磨
やま だ たく ま

2006 年　東京大学大学院理学系研究科博士課程修了
現　在　九州大学基幹教育院教授
　　　　博士（理学）

ライブラリ新物理学基礎テキスト＝Q3
レクチャー 振動・波動

2024 年 5 月 10日ⓒ　　　　　　　　　初 版 発 行

著　者　山田琢磨　　　　　発行者　森 平 敏 孝
　　　　　　　　　　　　　印刷者　篠 倉 奈 緒 美
　　　　　　　　　　　　　製本者　小 西 惠 介

発行所　　　株式会社　サ イ エ ン ス 社

〒151-0051　東京都渋谷区千駄ヶ谷 1 丁目 3 番 25 号
営業　☎ (03)5474-8500(代)　振替　00170-7-2387
編集　☎ (03)5474-8600(代)
FAX　☎ (03)5474-8900

印刷　(株)ディグ　　製本　(株)ブックアート

《検印省略》

サイエンス社のホームページのご案内
https://www.saiensu.co.jp
ご意見・ご要望は
rikei@saiensu.co.jp　まで.

ISBN978-4-7819-1593-7
PRINTED IN JAPAN

━━━━━ ライブラリ 新物理学基礎テキスト ━━━━━

レクチャー 物理学の学び方
高校物理から大学の物理学へ
原田・小島共著　2色刷・A5・本体2200円

レクチャー 振動・波動
山田琢磨著　2色刷・A5・本体1850円

レクチャー 電磁気学
山本直嗣著　2色刷・A5・本体2250円

レクチャー 量子力学
青木　一著　2色刷・A5・本体1900円

＊表示価格は全て税抜きです.
━━━━━ サイエンス社 ━━━━━